未来能源
让世界动起来

探索月球
神秘而强大

神奇地球
蔚蓝的家园

神秘机器人
工智能和我们好帮手

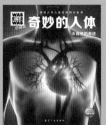
奇妙的人体
大自然的奇迹

深海之谜
生机勃勃的黑暗国度

太空之旅
深入宇宙的探险

走进热带雨林
地球的绿色宝藏

宇宙中的星体
打开探索宇宙的大门

伟大的发明
天才与灵感的杰作

神奇的火车
沿着铁轨驶向未来

沙漠之旅
沙丘、绿洲和无尽的远方

显微镜探秘
肉眼看不见的微小世界

野生动物
从森林到险的野性

奇趣萌宠
人类的好朋友

鸟类不简单
天空中的表演员

神秘的古埃及
尼罗河畔的金色帝国

印第安人
北美原住民

伟大的探险家
跟随他们的脚步，探索全世界

未来世界
一切皆在变化之中

蛇的故事
拥有剧毒的猎手

考古探秘
发掘历史的宝藏

马的生活
人类忠实的伙伴

舞蹈的魅力
含拍起舞

生物质资源
植物动力引领未来
2023 NEW

石器时代
火的控制与使用
2023 NEW

第一辑·全10册
第二辑·全10册
第三辑·全10册
第四辑·全10册
第五辑·全10册
第六辑·全10册
第七辑·全8册

WAS IST WAS

学习 好奇 科学 改变未来

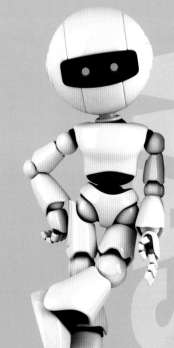

WAS IST WAS 珍藏版

德国少年儿童百科知识全书

极地世界

生活在冰雪王国

[德] 曼弗雷德·鲍尔 / 著　马佳欣 / 译

航空工业出版社

方便区分出
不同的主题！

真相大搜查

符号▶代表内容特别
有趣！

9
从荷叶冰到平顶冰山——
认识各种形状的冰吧！

10
北极寸草不生吗？胡说！
有些植物已经完美适应了
北极的环境。

20
北极是多种动物
的家园，这里生
活着环斑海豹、
冠海豹，以及海
象等多种动物。

23
圆顶冰屋里面是什么样子的？
一座由雪堆成的房子到底是怎
么诞生的呢？来了解一下吧。

嗷——

33

南象海豹和帝企鹅的性格都非常直爽。

34

谁是第一个到达北极点的人?

25

企鹅是南极洲的大明星。它们在陆地上走路时一摇一摆,跌跌撞撞,但在水下却是矫健的猎人。企鹅父母愿意为它们的后代付出一切。

43

登上"极星"号,去了解为什么这艘船对于极地研究是如此重要吧。

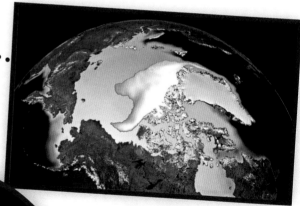

48 / 名词解释

重要名词解释!

46

高温警报!由于全球变暖,两极的冰正在融化,极地地区迫切需要保护。你也可以参与到保护极地的活动中来!

极地研究是一项团队工作。科学家们共同探索北冰洋的奥秘。冰面及冰下拖网（SUIT）是他们工作时的好帮手。

冰面及冰下拖网（SUIT）

豪克·弗洛雷斯博士在"极星"号上，他正为极地的研究工作而奔忙。

豪克·弗洛雷斯
——探索冰下秘密的人

当科学考察破冰船"极星"号驶过北冰洋的冰面时，冰面时而轰隆轰隆、时而嘎吱嘎吱、时而咔嚓咔嚓地响。豪克·弗洛雷斯早已习惯了这样的响声，因为他已经先后 8 次搭乘"极星"号来到北极和南极。他是一名极地生态学家，来自德国不来梅港的阿尔弗雷德·魏格纳研究所的赫尔姆霍茨极地海洋研究中心（简称 AWI）。他对海冰中和海冰下的生物世界有着浓厚的兴趣。

科考船上的生活

"极星"号科考船最多可以容纳 43 名船员和 55 名科研人员。船上总有干不完的活，因此全天都有人在工作。豪克·弗

洛雷斯是这么形容船上的气氛的："乘坐'极星'号就像是一次班级旅行。大家都很兴奋，期盼着即将到来的探险之旅。"双人船舱里的上下铺让他回想起学生时代。但和那时的班级旅行不同的是，在船上，下铺比上铺更受欢迎。因为遇到风浪时，下铺的人更容易上床睡觉。科考时间过半后，上下铺通常会对调——之前睡上铺的人，可以换到下铺了。厨师对于科考探险的成功至关重要，他知道什么可以让船员和科研人员保持好心情——那就是美食。船上的员工餐厅，也被称作"展览会"。在那里，科学家们可以一边吃饭一边相互交流，介绍各自的科研项目。他们谈论的一个重要话题就是极地海洋里的冰。

"极星"号有特别厚实的船体，尤其是船头已进行过加固。所以"极星"号能够破开海冰，凭借自身的重量在冰面开辟出一条航道。

POLARSTERN

豪克·弗洛雷斯是一名极地生态学家，同时也是一名训练有素的科研潜水者。他曾在南极海域的冰下潜水。冰面上还有一个潜水员随时待命，以防发生意外。

海冰越来越少

有件事正在北极悄悄发生：夏天，北极附近海域的海冰会慢慢消融；而冬天，海冰占据的海域面积又会逐渐扩大。每年如此，循环往复。但是根据卫星拍摄的照片来看，北极海冰的面积正在逐年减少。极地研究人员测量了海冰的厚度后，得出结论：北极的海冰正在变得越来越薄。未来，北极的海冰将越来越少，也越来越薄。研究人员认为，海冰的变化将会对北冰洋的动植物产生影响。

在冰下安家

极地研究人员用冰面及冰下拖网（the Surface and Under Ice Trawl）来研究冰面以下的生物。这个工具的英文缩写是"SUIT"。当"极星"号在海面上破冰而行时，人们在船后放下拖网，一张网眼细密的浮游生物网专门用来捕捞小型的生物，另一张网眼较大的网则用来捕捞体形较大的虾蟹和鱼类。行驶几千米后，人们再把这两张拖网拉起，把捕捞上来的生物拿到船上的实验室进行研究。人们发现，冰下生活着各种水藻、虾类和其他生物，好不热闹！

小小鱼儿，意义重大

拖网里也会出现各种鱼。北极鳕鱼的数量特别多，它们就生活在冰层下。拖网里捕捞到的主要是1～2岁的幼年北极鳕鱼。海冰底下就像是北极鳕鱼的托儿所。北极鳕鱼宝宝们跟随着漂浮的海冰，从西伯利亚沿海的产卵区一路穿行到北冰洋。漂游期间，它们主要以同样生活在冰下的微小虾类为食。大量的北极鳕鱼就是这样在北极的海冰之下长大的。而它们也是环斑海豹、白鲸、一角鲸以及无数种海鸟赖以生存的食物。豪克·弗洛雷斯目前想查明，气候变化和海冰消融会对北极鳕鱼造成哪些影响。北极鳕鱼有可能会被其他鱼类所取代，比如银鳕鱼。回到不来梅的研究中心后，豪克·弗洛雷斯将和他的同事一起对研究结果进行评估分析。之后，他将随"极星"号再次启程。

冰面及冰下拖网（SUIT）由荷兰瓦格宁根大学海洋资源与生态研究所（IMARES）研发。利用传感器，这个拖网还能记录海冰厚度、海冰结构以及冰藻的密度。

冰层里也有大量生物。研究人员正在取样，样本送到实验室后将被小心解冻。人们在显微镜下发现了冰藻和一些动物居民，它们快乐地生活在冰间水道和冰上融池中。

北极鳕鱼在北冰洋的食物链中扮演着重要的角色。如果海冰继续融化，这种鱼可能会越来越稀少。

冰钻

两极:
北极和南极

从宇宙中看，地球是个蓝色的星球，两极有白色的帽子。人们设想有一条垂直的线——地轴，地球每24小时围绕着这条地轴旋转一圈。地轴与地球表面相交的两点，称为"地极"，在北半球的称为"北极"，在南半球的称为"南极"。寒冷的极地地区的特点是极端的地貌特征和恶劣的气候条件。

被陆地包围的海洋

地球上的两个极地地区虽然都是冰天雪地，但它们在方方面面又都各不相同。地理意义上的北极没有坚实的陆地，只有厚约2~10米的海冰，覆盖在广袤的北冰洋上。冰层下大约4000米深处是海底。在北极往远处眺望，可以看到欧洲大陆、俄罗斯、北美，以及斯瓦尔巴群岛和格陵兰岛等岛屿。因此，北极是被陆地包围的海洋。

被海洋包围的大陆

与北极相反，南极有坚实的陆地，整个南极大陆都被海洋包围着。南极洲面积约为1400万平方千米，几乎全部被冰川覆盖。冰川表面只有零散几处可以看到岩石和碎石。南极洲平均海拔约为2350米，是世界最高的大洲。南极洲的最高点——文森山，海拔5140米。目前，南极冰原是地球上最大的冰面：冰层平均厚度约为2000米，最厚处足足有近4750米。地球上大约70%的淡水资源都储存在南极的冰川中。

两极为什么那么冷？

太阳总是以平斜的角度照射到南极和北极。因此，太阳的能量被分散到更大的面积上。所以，相对于地球上的其他地区而言，两极地区相同单位面积接收到的热量更少。同时，太阳光线照射到两极时在空气中穿越的距离比照射到地球其他地区更长，抵达地球表面时热量就更少。此外，极地地区的冰雪表面就像一面镜子，把大部分的太阳光反射回宇宙，导致热量不能在地面累积存储。所以，两极地区的气候就非常寒冷。

地轴是地球自转的假想轴，北端与地表的交点是北极，南端与地表的交点是南极。地轴与地球围绕太阳公转运行的轨道面的倾斜角度约23.5°，因此南北两极交替着转向太阳。北极夏日炎炎时，南极就是冬天。此时，北极的太阳从不下山。而南极则被极夜笼罩：半年都见不到太阳！

纪录
-98.6℃

南极洲的地表温度已经通过宇宙中的人造卫星测量过。据估计，南极洲地面以上2米的空气依然可达-94℃的低温。

如果有人想要去地理北极，指南针可帮不上他的忙。因为指南针指向的是地磁北极，完全在另一个地方！另外，地磁北极的位置每年都在发生变化。地磁南极也是如此。

北极熊在北极安家。

北 极

　　北极不是一片大陆，而是一片大部分结冻了的海洋，它被陆地和岛屿包围着。关于北极，一个常见的定义是：从地理学角度出发，大约北纬66.5°以北的广大区域，叫作北极。也有人以植物种类的分布来划定北极，北方的林带边缘位置——树木不再生长的地方，从这里开始就是北极了。还有一些科学家从物候学角度出发，认为北极是北半球的一个地区，在最炎热的7月，那里的平均气温低于10℃。

海 冰

北极

阿拉斯加

俄罗斯

加拿大

北极圈（约北纬66.5°）

北 极
+

北冰洋

冰岛 挪威

北极的大部分地区由数米厚的海冰组成。

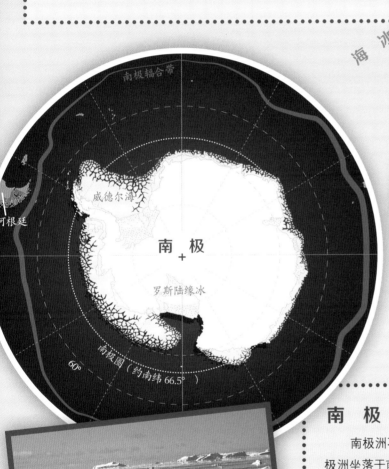
南极辐合带

威德尔海

阿根廷

南 极
+

罗斯陆缘冰

60°

南极圈（约南纬66.5°）

南极的常见居民：王企鹅。

南 极

　　南极洲不仅由南极大陆组成。根据通用的划分标准，南极洲坐落于南极辐合带的南面。这条南极辐合带大约位于南纬50°至南纬60°之间，南极洲寒冷的海水与来自北方温度较高的海水在此相遇。根据《南极条约》，南纬60°以南的地区都属于南极洲。许多国家都签订了《南极条约》。《南极条约》规定：南极只能用于和平目的，禁止在南极地区采取任何军事性质的措施和活动；禁止在南极进行任何核爆炸及弃置放射性废料；在条约有效期内，冻结对南极洲的任何领土要求。《南极条约》保护科学家在南极洲地区进行科学考察的自由，促进科学考察中的国际合作。

南极大陆只有少数地方会露出岩石。

冰的种类大不同

在冰川与海洋相连接的地方，你能看到越来越大的冰架坍塌。冰架崩解是一幅气势宏伟的景象。

你肯定知道，冰是水凝结成的固体。但极地地区的冰却各不相同。区别在于，这些冰是如何以及在哪里形成的。

宏伟的冰川

两极地区冰川几乎覆盖整个极地，人们称其为大陆冰川，也称大陆冰盖。格陵兰岛和南极洲的大陆冰川都是由多年的积雪构成的。新落下的雪不断地覆盖在旧雪上，越来越厚的积雪就逐渐形成了巨大的冰川。格陵兰岛和南极洲上绵延数千米的冰川就是这样形成的。冰川不是静止不动的，它也有自己的生命。巨大的重量使它不断往下滑。冰川前端呈舌状的部分叫作冰舌。冰舌与海洋交汇的地方，以及冰川被风浪侵蚀的地方，有时会有较大规模的冰架

坍塌。人们把这个过程称作冰架崩解。由于冰架崩解而形成的冰山可能只有几米高，也可能高达数千米。这些冰山被海洋上的风和洋流推动着，扩散到其他地方。

冰架和平顶冰山

南极洲拥有世界上最大的冰山。这些冰山是从南极的冰架上分离出来的。当大陆冰川的边缘流入海洋时就会发生这样的分离。但只有当冰盖突出海面至少2米时，才能称之为冰架。通常这些冰架有200～1000米厚，直接从岸边延伸至海底。而在远离大陆的地方，海洋更深，冰架就会漂浮在海面上。如果冰架撞到了海底的山脉，后续漂来的冰块将会堆积在一起，冰

冰川学家们在南极洲的海冰下发现了由细微冰晶组成的几米厚的冰层。在这一小片冰中，很可能藏着躲避捕食者的小型海洋动物。

在海岸边，南极冰川会以冰架的形式延伸到海面上。

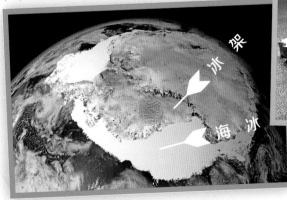

冰架

海冰

平顶冰山

南极冰川上，由于冰架崩解会形成巨大、平整的冰山。

➡ 你知道吗？

冬天，南极附近海域表面大部分区域都会结冰。到了夏天，冰层就会瓦解成许多小的碎冰。在北极，海冰冰面也同样在冬天扩张、在夏天消融。海冰通常分为多年冰和一年冰，一年冰在夏天会完全融化。

川内部会产生压力。冰川内部的压力作用到冰架上就会产生裂缝，导致冰架破裂形成平顶冰山。这些所谓的平顶冰山表面平坦，如同冰架一样。它们的高度可能有几百米，面积可达几千平方千米。

冰山一角

由于冰的密度比水低，因此冰山能在水面上漂浮移动。然而冰山只有一小部分是露出水面的。根据冰山中空气含量的多少，冰山沉在水下的部分也会有所不同，一座冰山大约80%～90%在水面以下。

生命的绿洲

与周边没有冰块的海洋地区相比，冰山附近有更多的水藻、磷虾和海鸟。似乎正是冰山使海洋更富有生机。大陆冰川延伸到海岸时，携带了大块漂石、小石块和细小的碎石。这些石块里蕴含着丰富的铁元素，水藻依靠铁元素驱动光合作用，从而能够利用太阳光中的能量。因为水藻在这个过程中会吸收造成温室效应的二氧化碳，所以冰山可以为缓解全球变暖而做贡献！

海 冰

冰川、冰架和冰山都是由压缩的积雪形成的，海冰则是由海水冻结而成的。由于海水中有盐，所以海水的凝固点不是0℃，而是−1.8℃。海水结冰过程中会形成细小的冰晶，附着在海水表面。这些冰晶逐步形成了连在一起的冰层。

多种多样的海冰

屑冰 **❶** 由细小的冰晶组成，这些冰晶在海水表面结晶而成。如果大海风平浪静，这些冰晶就会纠缠在一起，形成连续的、可伸缩的冰层，这个冰层名叫尼罗冰 **❷** 。如果大海不平静，冰晶就会形成有竖起边缘的盘子形状，这就是所谓的荷叶冰 **❸** 。当风浪把大量的冰块推到一起，就会形成流冰群 **❹** 。

1912年4月14日，"泰坦尼克"号在处女航中与纽芬兰岛附近的一座冰山相撞，最终沉入海底。超过1500名乘客和船员在这场灾难中丧生。据推测，那座冰山源自一座格陵兰岛的冰川。

危险：冰山的主体部分是沉在水下的，因此船长无法看见冰山的全貌。

太阳的追随者

北极罂粟的花向阳而开，并随着一天中太阳方位的变化而改变花朵的朝向。这样，北极罂粟才能够在漫漫冬日来临前吸收足够的热量并生成种子。

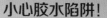

小心胶水陷阱！

茅膏菜用诱人的香气吸引昆虫前来，但这些昆虫最终都会被黏糊糊的汁液粘住。然后，茅膏菜会产生能腐化动物的消化分泌物，"吃掉"这些昆虫。因此，就算是扎根在贫瘠的土壤中，这种植物也能获取生命必需的氮元素。

北极的植物

极地地区并不是完全被冰覆盖的。而且，没有结冰的地区会随着四季更替而产生一些变化。夏天，北极边缘地区，甚至南极的一部分地区，都是不结冰的，所以也有植物能在极地地区生长。

北极有树吗？

越接近地理北极的地方，人们能看到的植物就越少。北极仅有的林带是泰加林，一片绵延上千千米宽的北方塔形针叶林带。泰加林跨越欧洲北部、俄罗斯北部和北美洲，主要树种是云杉、冷杉、落叶松等。纬度越高，夏季越短暂。所以越靠近北极点的地方，树木的生长期就越短，也就越难形成繁茂的森林。与林带

接壤的是冻原，那是一片荒芜的土地，仅生长着苔藓、地衣、耐寒的小灌木等低矮的植物。冻原以北紧挨着寒漠和冰漠。即使在那样的冰天雪地里，水藻还是能存活的。

无畏寒冷和狂暴

因为北极常有猛烈的极地风，所以那里通常只有低矮的植物。北极的植物都有自己独特的生存技巧。有些植物有极强的抗冻自我保护功能，它们体内的汁液在 –70℃才会结冰。有些植物虽然不那么抗冻，体内的汁液会结冰，但是冰不是在细胞里面，而是在细胞与细胞之间。这样就能缓解冻伤和霜害。

无林地带

北极苔原是苔藓、地衣等易生长的矮小植物的家园。要想在这里找到高大的树木，那你是白费力气。

鹿蕊

鹿蕊，也叫驯鹿地衣，形状就像躺在地上的灌木丛。物如其名，它是驯鹿的重要食物。

短小精悍

北极柳只有几厘米高，但却能抵抗在北极肆虐的强风。

北极冰藻

北极冰藻能忍受北极冬季的漫漫黑夜，而当太阳再次照耀时北极冰藻就会开始繁殖。

血雪

在春末夏初，当冰雪因解冻而在表面形成一层水膜的时候，雪藻就复苏了。

冰雪中的藻类

海冰中和海冰下的微小藻类特别重要。它们构成了极地海洋食物链的底层。但在冰川和雪堆中也有无数雪藻。这些雪藻是淡水生物，它们存活在夏天会融化的积雪中。在北极和南极，还有高山冰川中，这些雪藻是冰雪的染色剂。因此，有时我们能看到红色的雪，也就是所谓的"血雪"。还有的藻类会把雪染成绿色或者黄色。

南极的植物

整个南极洲，只有在南极辐合带与南极圈之间的亚南极群岛以及南极半岛上，才有植物生长。这和北极地区的情况完全不一样。夏天，北极地区拥有大面积的不被冰雪覆盖的陆地，而整个南极洲只有约2%的地区没有冰川。在南极洲仅有的无冰川地区，只有那些拥有足够阳光照射的地方，才能生长出一些低等植物。南极的植物主要是不开花植物，比如苔藓和地衣，偶尔也有开花植物，但比较少见，比如南极发草和南极漆姑草。

生长非常缓慢

在南极地区，露出冰面的岩石和碎石上，经常长有地衣。但是一年中大多数时候，它们并不生长。因此，地衣可能要花上几百年才能长高1厘米！

稀有植物

开花植物在南极非常稀有，例如南极漆姑草。

北极熊——北极的国王

北极熊能完美适应北极寒冷的生活环境。有时，它甚至觉得北极太热了！因为北极熊的皮肤无法出汗，所以它只能用舌头喘气散热。

脂肪层

北极熊的皮肤下有一层 10 厘米厚的脂肪层。这层厚厚的脂肪能帮助北极熊抵御寒冷，还能作为北极熊艰难时刻的能量储蓄。

皮肤

北极熊看似白色的毛发下实际上隐藏着黑色的皮肤，它能很好地吸收太阳的热辐射。

熊掌

北极熊的熊掌底部有着浓密的毛发。这是北极熊在光滑的冰面行走时的防滑利器，同时也是它的御寒利器。

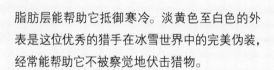

毛发

北极熊的毛发是空心的，充满空气。空气的导热性不好，因此，空心的毛发有助于北极熊保持体温。

体长近 3 米，体重可达 1 吨的北极熊位于北极食物链的顶端。然而北极熊并不挑食，它能捕捉到的一切猎物都在它的食谱上，包括鲸、驯鹿，它也吃鱼和鸟。紧急情况下北极熊还吃浆果和巨藻，它甚至不拒绝鲸的尸体。但北极熊最喜欢吃的是海豹。

抵御寒冷的妙招

北极熊是从棕熊进化而来的，它们已经能适应北方高纬度地区的寒冷环境。这位白色的冰雪专家经过数代的进化，成了今天我们所熟知的样子。除了爪子底下短短的绒毛和全身空心的保暖毛发，北极熊还有一层 10 厘米厚的脂肪层能帮助它抵御寒冷。淡黄色至白色的外表是这位优秀的猎手在冰雪世界中的完美伪装，经常能帮助它不被察觉地伏击猎物。

追着海冰跑

北冰洋的浮冰区域就是北极熊的家园，那里漂浮着大大小小的冰块，风和洋流使冰块不断移动。这样，冰块间就会一直有开放的水面。这是海豹最喜欢的活动区域，而海豹是北极熊最爱的美味佳肴。海冰覆盖的海域面积随着四季的变换而增大或减小，北极熊就会在冰块的边界上游荡。北极熊是游泳健将，它可以在距离较远的两块浮冰之间游一个来回。北极熊还

不可思议！

北极熊的毛发根本不是白色的！实际上北极熊的每根毛发都如玻璃一样透明。只有当反射了太阳光时，北极熊的毛发才会显现白色。

北极熊主要在浮冰群附近活动。然而气候变化使海冰冰面缩减，这对北极熊的生存环境造成了严重威胁。

当北极熊宝宝足够大时，北极熊妈妈带领它们走出雪洞，让它们熟悉外面的世界。在极度恶劣的天气下，生活在极地地区的成年动物也需要寻找雪洞或者地洞的庇护。

会潜水，它甚至可以在水下憋足 2 分钟的气！但它很少潜至 2 米以下的深水处。潜水时它紧闭鼻孔，但眼睛是睁开的。

海豹出没！

在水里，北极熊的速度远远没有海豹快。海豹是哺乳动物，所以它们不能长时间在冰下潜水，每隔一段时间就必须浮出水面呼吸。北极熊熟知海豹的生活习性，经常埋伏在海豹的呼吸孔附近，耐心等待着海豹送上门来。一旦海豹从水下探出脑袋，北极熊就会迅速抓住它。但海豹不仅仅是换气的时候要小心北极熊，就算海豹在陆地上的雪洞里藏着，也要时刻保持警惕，因为北极熊的嗅觉非常灵敏。北极熊在很远处就能闻到猎物的味道，即使隔着厚厚的雪，北极熊也能找到藏着的猎物。一旦发现了猎物，它就会挥动有力的爪子砸开雪洞，拖出藏在洞里大吃一惊的猎物。

冰上的独行侠

在一年中的大多数时间里，北极熊都是独行侠。每年，只有在 4 ~ 6 月的交配季，雌雄北极熊才会相聚。交配之后，它们又分道扬镳，各行其道。怀孕的雌北极熊一般会在 10 月或 11 月的时候找个地方挖雪洞，用于过冬。雪洞由一个甚至多个洞穴组成。雌北极熊要确保洞穴完全被雪覆盖，这样才能让北极熊洞穴的痕迹在大雪的遮掩下消失不见，以此来保证自己和宝宝的安全。

北极熊宝宝

12 月，北极熊宝宝会在洞穴里诞生。有时只有一只北极熊宝宝，但大多数时候会是两只。很少有三只北极熊宝宝同时诞生。北极熊宝宝出生时体长只有 20 ~ 30 厘米，体重最多 700 克。北极熊妈妈保护着刚出生时浑身光秃秃、既看不见也听不见的北极熊宝宝，喂它们喝富含脂肪、富有营养的熊奶。北极熊宝宝们很快就会长大，在 3 月或 4 月就已经能和妈妈一起离开雪洞了。它们在雪上玩耍嬉闹，第一次认识周围的环境。几天后，北极熊妈妈会带北极熊宝宝们去冰冻的海面上进行第一次捕猎远足。3 岁时，北极熊就能学会所有独立生活的本领了。现在小北极熊独立了，必须自己照顾自己了。其中的雌北极熊在 4 ~ 5 岁时，就可以怀上自己的幼崽。据估计，在野外生活的北极熊的寿命大约为 25 ~ 30 年。

北极熊体内的血液从心脏流向爪子时，可以将身体的一部分热量传递到血液中，这种血液循环的方式，能将热量尽可能保留在体内，保证北极熊的身体温暖。极地地区的其他动物体内也有这种热交换。这真是大自然聪明的小妙招！

呼吸孔

北极熊是游泳健将。厚厚的脂肪层和空心的毛发有助于增加它的浮力。

注意，熊出没！当北极熊饥肠辘辘时，它也会接近人类居住地。在斯瓦尔巴群岛上，人们经常可以看到这样的牌子。

小心北极熊

> 无论冬夏，我都有完美的伪装——毕竟，我是如此冰雪聪明！

北极狐和它生活在热带的亲戚们有着明显的区别：北极狐的腿、嘴、耳朵和尾巴都更短。北极狐的身体表面积也更小，这有利于减少热量的散失。

北极狐和它的伙伴们

冬天的北极狐

北极虽然冰天雪地，但也孕育了一个物种丰富的动物世界。食草动物在厚厚的雪层下也能找到食物，但必须提防那些会追踪它们的食肉动物。而对所有生活在北极的动物来说，有一点是相同的：它们都以各自的方式适应了北极严酷的生存条件。

相当狡猾！

北极狐的毛发颜色会随着季节变换而发生变化。夏天，北极狐的毛发呈灰色至深棕色。这样，北极狐在冰雪已经融化的冻原里打猎就有了绝佳的伪装。冬天，北极狐则披着厚厚的雪白皮毛，完美隐身在白茫茫的冰天雪地中。正是这样的换装技巧让北极狐全年都能隐蔽地接近猎物。同时，极佳的伪装术还能帮助它躲开天敌，北极熊和北极狼也很难认出融入周边环境的北极狐。北极狐听力很好，它甚至能察觉到躲藏在厚厚雪层下的猎物。北极狐的食谱很丰富，除了雪兔和旅鼠，北极狐也吃海豹幼崽、鸟和鸟蛋，甚至是其他食肉动物留下的猎物尸体。北极狐还会在岸边寻找死去的鱼、贝壳和被冲上岸的海胆作为食物。紧急情况下，北极狐也能以浆果充饥。

夏天的北极狐

群居动物北极狼

北极狼的强项是它们的捕猎战略。北极狼往往成群捕猎，一支捕猎队伍中可以有将近30只北极狼。每只北极狼在队伍里有自己固定的

北极狼是群体捕猎者。狼群为首的是一公一母两只头狼。它们是狼群中负责繁衍后代的狼，同时也是最先分得猎物的狼。

北极兔的毛发柔软蓬松，而且很温暖。因此，-30℃的气温对北极兔来说完全不是问题。

迁徙中的北美驯鹿。驯鹿宝宝生长速度非常快，一般出生两三天后就能够跟随鹿群迁徙。

位置。北极狼几乎无法独自在北极荒凉的环境中存活。狼嚎有助于狼群保持队形，并能和其他狼群划清界限。北极狼偶尔也单独打猎，但这种情况下北极狼只能捕获旅鼠、雪兔和鸟等小型猎物。如果要照顾幼狼，狼群会尝试捕获更大的猎物，比如驯鹿和麝牛。但它们并不是每次都能如愿而归。

驯 鹿

北极冻原上生活着成群的驯鹿。在斯堪的纳维亚半岛和俄罗斯，当地居民在上千年前就把驯鹿当家畜使用。在西伯利亚、斯瓦尔巴群岛和北美洲的北极圈附近，至今还生活着野生驯鹿。在北美洲，人们叫它们北美驯鹿。这种动物以耐力佳、能够长途迁徙而闻名。夏天，它们漫步在没有树林的苔原，以草和地衣为食。而冬天，当食物紧缺时，它们会躲避冰雪，向南方迁徙。多个小型驯鹿群汇合成一个大型驯鹿群，大型驯鹿群可能包含成百上千只驯鹿。它们在漫长的迁徙路途中横渡河流，展现出优秀的游泳能力。因为拥有宽大的鹿蹄，北美驯鹿在水中如履平地，甚至可以迎着强劲的水流向前游。

雄鹿和雌鹿都有鹿角。当然，雄鹿的体形明显更大。

你知道吗？

"北美驯鹿"这个词在加拿大东部的米克马克印第安人的语言中，意思是"用蹄子刨地的动物"。事实上，北美驯鹿的确是用前蹄在雪中刨洞，寻找埋在雪下的植物，比如苔藓和地衣。

麝 牛

在北极苔原地区，比如在格陵兰岛，还能遇见麝牛。它们的颈背至肩部有着厚厚的深棕色鬣毛，长度超过30厘米，下垂如披风。长长的鬣毛下还有一层柔软温暖的厚绒毛。麝牛通常生活在麝牛群中，一个麝牛群最多20头麝牛。公牛和母牛都有强健的角。遇到侵略者时，为了保护小牛，成年麝牛们会围成一个保护圈，把小牛团团围在最里面。最强壮的麝牛会从圈中冲出，冲向侵略者，将其赶走。正是因为它们的团结和勇敢，这种雄壮健硕的食草动物有时甚至能与北极狼和北极熊一较高下。

旅鼠和田鼠是亲戚。北极的旅鼠必须好好提防那些北极的食肉动物。

团结就是力量。通常，北极狼对一群麝牛是无可奈何的。于是它们只能将就着以雪兔、旅鼠等小型动物为食。

北极的 鸟类

夏天食物很充足,此时,北极大部分地区会成为鸟类的天堂。数以百万计的鸟儿们向北迁徙,并在那儿孵蛋繁衍。

布置好的餐桌

春天,北极积雪融化,雪水却无法渗透土壤:因为土地深处依然结冰,雪水无法渗入地下。此时湿气聚集,冻原就成了沼泽。浮游动物和浮游植物开始大量繁殖,这也吸引了苍蝇和蚊子在此产卵。苍蝇和蚊子,尤其是蚊子,对于人类和有些动物来说是一种祸害。但对于许多鱼类和鸟类来说,蚊子却是它们喜爱的食物。

悄无声息

雪鸮仔细地观察周围环境。如果有旅鼠、北极兔或一只小鸟经过,它们就会悄无声息地迅速滑过去,然后用尖利的爪子逮住猎物。

口味不同,各有所爱

鸭子、鹅、天鹅和其他小型鸟类以昆虫为食,昆虫的蛹和幼虫对它们来说更是美味。但不是每种鸟都爱吃昆虫。喜欢在水边生活的涉禽类鸟儿们迈着高跷般的细长双腿在水边漫步,寻找挖掘可口的软体动物。雪雁和粉脚雁则喜欢吃水生植物。长尾鸭、北极海鹦和北极燕鸥喜欢吃鱼。而雪鸮等猛禽,则完全不在乎这些小小的猎物——它们会捕捉旅鼠和北极兔来大饱口福。

夏季的岩雷鸟

冬季的岩雷鸟

新鲜捕获的鱼

北极海鹦是技艺高超的捕鱼者。当它们的喙中已塞满抓到的鱼时,它们还能继续捕鱼。成年北极海鹦会这么辛勤地捕鱼,是因为幼鸟正在巢中嗷嗷待哺。

伪装大师

岩雷鸟在冬天是白色的。到了春天,它的羽毛颜色就会慢慢变深,形成融入周围环境的伪装衣。

北极海鹦将它们的鸟巢修筑在陡峭礁石上的土洞里。成群的北极海鹦在海面上下翻飞,互相追逐求爱。雄鸟筑巢,雌鸟产卵,双方再一同孵化并喂养雏鸟。

北极燕鸥每年都会不辞劳苦地在南极和北极之间来回迁徙，这样它们就能全年享受夏天。在迁徙途中，北极燕鸥总能找到顺风而飞的路线。

向北极迁徙的路线

向南极迁徙的路线

不可思议！

就算睡着了，北极燕鸥也不会中断飞行。因为它只用一半的大脑睡觉，另一半大脑保持清醒并控制方向。

北极幼儿园

夏天的北极是许多鸟类的育儿所。有些种类的鸟每年都会去北极繁殖并养育下一代。雪鸮就是其中之一。它们把草窝修筑在地上，并铺上柔软的羽毛。它们在窝里抚养着嗷嗷待哺的雏鸟。时间不等人，北极的夏天很短暂，天气马上就要变冷了。在天气变冷前，它们又要飞回气候适宜的南方。

喜欢寒冷的鸟

有些种类的鸟会在北极过冬，比如岩雷鸟或小海鸟。为了抵御寒冷，这些在北极过冬的鸟的羽毛下都有厚厚的羽绒夹层。当它们飞起来时，夹层会形成空气层，类似羽绒外套，能帮助它们保持身体温暖。这种保暖措施就算在北极极端严寒的天气里也非常有效。此外，在北极过冬的鸟类还会减少进食，只在必要时活动。这样，它们就能在食物紧缺的冬天里尽量节省能量。

世界流浪者北极燕鸥

北极燕鸥以两极为家。当北极进入夏季，它们就开始在北极养育后代。如果北极越来越冷了，它们就会带着逐渐具有飞行能力的幼鸟一起向南极迁徙，此时南极有丰富的食物供给。当南极进入冬季，它们又飞回北极。所以，北极燕鸥每年的飞行距离长达约 40 000 千米！它们愿意承担这样遥远和劳累的旅程，是因为只有这样它们才能分别利用北极和南极的夏季寻找食物。在旅途中，北极燕鸥会一直仔细地观察海面。一旦发现了猎物，它们就会迅速准备俯冲，直插入水面，捕获小鱼和小蟹。

螃蟹爱好者

体形不足 20 厘米的小海雀也会留在自己的故乡北极过冬。它最喜欢吃小鱼和小蟹。小海雀成群繁殖，一次就能繁殖上千只。

胆大无畏者

象牙鸥喜欢生活在浮冰群的边缘和大块浮冰上。它们不怕北极熊，甚至还陪着北极熊捕猎。因为象牙鸥恰好能以北极熊吃剩下的猎物为食。

弓头鲸更喜欢在海冰边缘区域活动。凭借巨型的脑袋，它能撞碎冰层。

北冰洋里的鲸

北冰洋是一片富饶的海洋，它能提供大量的磷虾、墨鱼等对各种鲸来说极具吸引力的食物。但只有几种鲸长期以北冰洋为家，其他许多种鲸只会在温暖的夏天来到这片寒冷的海域。有三种鲸特别适应北冰洋海域有冰的生活，它们分别是体形巨大的弓头鲸、惹人喜爱的白鲸，以及具有独特长牙的一角鲸。

永远随冰移动

鱼能通过鳃摄取海水中的氧气，所以鱼在水中呼吸就像人在陆地上呼吸一样自在。但鲸和鱼不一样，鲸是哺乳动物，和人一样用肺呼吸，生活在海洋里的鲸必须不时浮上水面换气。因此，鲸不能长时间在冰下生活。冬天，当北冰洋的大部分海域都结冰时，鲸就在更南面一点的地方活动。而在春天，当冰层开始逐渐融化时，它们就会随着冰的边缘慢慢游回北方。此时，冰雪消融的北冰洋正好能为它们提供丰富的食物。4月份左右，白鲸和一角鲸会到达格陵兰岛西侧海岸边，它们在这里交配繁殖。

弓头鲸——海中的破冰机

4月底，长达18米、重达上百吨的弓头鲸也开始向北移动。它们是须鲸，没有牙齿，但是有长长的鲸须，从上颚往下垂。这些锐利的鲸须在末端呈纤维状散开，如同一个筛子，把海水里的浮游生物、小蟹和小鱼过滤出来。弓头鲸敢在北冰洋海域的薄冰下活动，多亏了它坚实的大脑袋。巨大的头部占据了弓头鲸全身将近三分之一的重量，这使得它们能直接从水下把冰层撞开。这样弓头鲸就能在冰层间自主创造呼吸孔。弓头鲸如同海中的破冰机，通过这种方式也为其他种类的鲸在冰冻的海面上开辟出一条航道。因此，经常有一角鲸和虎鲸跟在弓头鲸身后。

▶ 你知道吗？

敢在北冰洋海域的海冰中探险的鲸，通常都没有背鳍。因为背鳍特别容易被漂浮的大块浮冰撞伤。

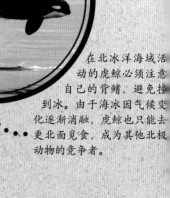

在北冰洋海域活动的虎鲸必须注意自己的背鳍，避免撞到冰。由于海冰因气候变化逐渐消融，虎鲸也只能去更北面觅食，成为其他北极动物的竞争者。

这些一角鲸是在打架还是在刷牙？人们对此意见不一。但可以肯定的是，在中世纪，一角鲸的牙卖得比独角兽的角还贵。

"话痨"鲸:白鲸经常在水下叽叽喳喳。捕鲸者曾称它们为"海洋中的金丝雀"。

曾经,人们为了得到白鲸的油脂,大肆捕杀白鲸。这种美丽的白色海洋精灵差点因此而灭绝。现在,全世界大多数国家已经明令禁止商业捕鲸。

白鲸一般生活在小群体中,在交配的季节里它们会合并成更大的团体,即鲸群。

被困冰中

有时,鲸会被冰包围,无法回到辽阔开放的海洋里。此时,它们就必须守着呼吸孔,每隔一段时间就浮出水面换气,这种情况有时会持续数周。居住在北冰洋边上的因纽特人曾经利用这种"鲸陷阱",用大鱼叉捕猎体形庞大的鲸。有时北极熊也会用这种方式来尝试捕捉白鲸。

向南出发

北极的夏天很短暂,因此鲸会利用这段时间,在营养丰富的北冰洋里吃出一身厚厚的脂肪层。8月中旬起,天气就开始变冷,北冰洋海域的海冰面积开始扩大。此时,许多生活在北冰洋的鲸就开始向南迁徙。

白鲸——北冰洋里的白色大可爱

白鲸体长3~6米,有着独特的白白的皮肤,比陆地上的哺乳动物的皮肤要厚得多。这

层皮肤和下面厚厚的脂肪层共同起到保温的作用,同时还能保护白鲸在和冰块接触时不受擦伤之苦。当白鲸出没在海冰边缘时,浅浅的肤色为它提供了很好的伪装。

一角鲸——有长牙的鲸

一角鲸的左上颚会长出一根约2.5米长的笔直长牙。以前,人们认为这是一角鲸的武器。后来,人们又认为长牙是雄性一角鲸的性征。但是随着人们对一角鲸的认知更全面以后,人们发现雌性一角鲸有时也有这样一根显眼的长牙。近年来,研究证实长牙是非常敏锐的感觉器官,其表面有上百万的神经末梢,一角鲸用它来感知细微的压力变化和水温变化。有的研究者猜测,一角鲸可能也用它的长牙来测定猎物的方位。

会用气泡网的捕鱼者

座头鲸在赤道附近的海域过冬,到了夏天,它们就会来到北冰洋。在北冰洋,它们会互相合作,用空气做成渔网捕食大量的鲱鱼!为了制作渔网,座头鲸们会围绕着猎物不断绕着越来越小的圈螺旋游动,同时不断吐出气泡。银白色的气泡逐渐把鱼群包围在一起。此时,座头鲸会张开大嘴,从底部垂直冲入鱼群并穿行过去。它们巨大的嘴一次能吞下数百条鲱鱼。

灰鲸的身体表面遍布团块状的白色和黄色斑纹,这些斑纹通常是由寄生在灰鲸身上的藤壶等生物造成的。有些灰鲸在加利福尼亚南部的海域过冬,夏天才会回到北极。

气泡网

北极的海豹

海豹属于海洋哺乳动物。在陆地上，它们笨手笨脚，行动缓慢，但在水中，它们灵活矫健，行动迅捷。海豹遍布全球的海洋，无论是赤道附近的海域还是两极周边的海洋都可以看到海豹的身影。但是，全世界已知的海豹绝大多数都生活在北极和南极附近的寒冷水域中。海豹的近亲还有海狮和海象，它们同属于鳍足目，无论是外形还是生活习性，它们都有很多相似之处。

从陆地到海洋

海豹的祖先是生活在陆地上的食肉动物。但水中的生活似乎更具诱惑力，所以它们经过数代的进化，终于来到海洋中生活。随着时间推移，海豹的腿演变成了鳍。如今，海豹一生中绝大部分时间是在水中度过的。海豹能在水里睡觉，但是大多数情况下海豹更喜欢在岸上，或者在大块的浮冰上睡觉。在交配和养育幼崽时，它们也会回到陆地上。因此，海豹一直在海岸附近活动。不同种类的海豹寿命不同，大多数海豹能活到 30 ~ 40 岁。

前驱还是后驱？

海豹和海狮、海象移动时提供动力的部位很不一样：海豹主要靠后鳍"加油"前进，而海狮和海象主要用前鳍。海豹的"后置发动机"在水里特别有效。但与此形成鲜明对比的是，它们在陆地上的行动显得很笨拙。因为海豹的前鳍无力，在水中海豹可以用前鳍来掌握方向，但在陆地上它们的前鳍几乎无法支撑住身体。

雄性冠海豹的鼻囊可以鼓起来，像一顶帽子。雄性冠海豹用这种方式来吸引雌性冠海豹，同时也用于威胁敌人。

时髦的胡子
髯海豹用胡子寻找猎物，比如鱿鱼和贝壳。

髯海豹因长长的胡子而得名。它的胡子又长又密。

环斑海豹

环斑海豹是北极体形最小、也最常见的海豹。只要看一眼环斑海豹的皮毛，你就知道它的名称从何而来。

不可思议！

海象可以用牙齿把自己拉到大块的浮冰上。仅用长牙，它们就能把重达 1.5 吨的物体拉出水面！

海象厚实的颈部脂肪可以当救生衣用,所以它们可以轻松地悬浮在水中。

竖琴海豹的幼崽刚出生时全身覆满白色的胎毛,这是它们在冰雪世界中最好的伪装。小海豹趴在呼吸孔附近,耐心地等待妈妈回家。

海 象

和许多其他鳍足目动物不同,海象无法在冰中挖呼吸孔。因此,冬天的时候,它们常在海冰边缘游荡。巨大的海象用鳍和牙在海底刨挖,用它们的短须在淤泥中摸索食物。它们的食物除了贝壳、蜗牛和螃蟹,还有寄生虫和海参。有时它们也会嘟起嘴,对着海底喷出一条水柱,把猎物放走。它们用有力的嘴唇或者前鳍撬开贝壳,吸走里面柔软的食物。海象甚至也吃海鸟和体形较小的海豹。

海象喜欢潜水。潜水后,海象最喜欢在浮冰上休息。随着气候变暖,北极海域的海冰逐渐融化,许多海象不得不选择到海岸上休息。2014 年,大约 35 000 只海象集体搁浅在美国阿拉斯加西北部的海滩上,甚至有约 50 只海象因被踩踏而丧生!

竖琴海豹

成年的竖琴海豹有着深色的脑袋,背部的皮毛呈现出醒目的竖琴样子的花纹。一天中的大部分时间里它们都在觅食。竖琴海豹吃鲱鱼、鳕鱼、鱿鱼和螃蟹——都是在海面附近就能捕捉到的猎物。

然而,竖琴海豹有时也会下潜到 250 米深的海底,捕捉特别的美食,比如鲽鱼。下潜前,它会深呼一口气。这样做是为了避免潜水病。从水下高压环境中快速上升时,压强迅速变化,血液中溶解的氮气会变为气泡,堵塞细小的血管。最糟糕的情况下,这些气泡会导致潜水者死亡。因此,人类潜水员必须非常缓慢地浮出水面。但是,竖琴海豹没有这种顾虑,它可以非常迅速地从深水处游回水面。

雄性北海狮

北海狮喜欢群居。即使不在交配季,它们也群居生活。雄性北海狮的体重是雌性北海狮的两倍,且雄性北海狮有鬃毛。

北海狮

北海狮属于海狮科,大多生活在北太平洋的海岸边。它们的栖息区域位于俄罗斯和阿拉斯加之间,在北冰洋的边缘。通常人们可以在偏远的岩石海滩上找到由几百只海狮组成的群落。

为了繁衍后代,大多数情况下,雄海狮总是先返回到它们的出生地。几天后,雌海狮也会来到这里。若干只雌海狮与同一只雄海狮交配。繁殖期对雄海狮来说是一段辛苦的时光,因为它要和对手搏斗,保住自己的地盘。在长达近 2 个月的时间里,雄海狮几乎不吃不喝,体重会下降很多。所以,在那之前,雄海狮需要贮藏足够的脂肪。

冰上猎人

北美洲境内的北极地区，千里冰封，是北美洲最后一个有人类踏足并定居的地区。大约12 000 ~ 16 000年前，来自西伯利亚的第一批居住者穿越白令海峡，来到今天的阿拉斯加，并在此定居。之后，他们继续向东移动，经过多次迁徙潮，他们的足迹遍及加拿大北部的大部分地区，最终到达了格陵兰岛。其中有些民族则选择了在斯堪的纳维亚半岛北部和俄罗斯北部定居。

北方民族

从前，人们称生活在北极地区的人为"爱斯基摩人"，但这个名称经常带有贬义。后来，

即使人们已经发明了摩托雪橇，狗拉雪橇依然无法完全被取代。狗拉雪橇的队伍一般由2 ~ 12只狗组成，它们两两一组或者并列成扇形拴在一起。

"因纽特人"这个名称逐渐被大家认可，越来越多人用"因纽特人"来称呼加拿大东北部和格陵兰岛上的人。"因纽特"翻译过来就是"人"的意思。但是在加拿大其他地区、阿拉斯加北部和俄罗斯最东北部的楚科奇半岛上，"因纽特"这个词几乎不存在。那里的人有其他名称：因纽维阿鲁特人、因纽皮特人和尤皮克人，他们的语言各不相同。

与冰雪共生

虽然北极地区有许多不同的民族，但他们都有类似的生活方式。在他们的家乡，农业生产活动几乎完全无法进行。北极的夏天实在太短暂，导致北极地区的土地每年有数月处于冰冻状态，有的地方甚至长年处于冰冻状态。到20世纪中叶，北极地区的居民们仍几乎完全依靠捕鱼、捕捉海豹、捕鲸、捕猎北极熊和饲养驯鹿为生。他们依靠狗拉雪橇在冰上出行，或者划独木舟出海。他们使用弓箭当武器，但大多数时候他们习惯用标枪。欧洲北部和俄罗斯的一些民族至今依然靠饲养驯鹿为生。

帐篷和圆顶冰屋

北方高纬度地区没有树木生长，所以当地的人们也没有木材能作为建筑材料。北极地区的猎人们一般用被海浪冲到岸边的海上货物、动物骨头、动物皮毛等作为原材料，来建造房屋、制作衣服、修建独木舟等。北极地区的游牧民族大多生活在可拆卸的帐篷中，他们一生都在到处迁徙。其他民族的人则居住在固定的地方，他们一般住在低矮的土屋中。捕猎的时候他们也会住在圆顶冰屋中，冰屋是由冻硬的

因纽特人世代都是猎人，因为他们生活在无法开展畜牧业和农业的地区。格陵兰岛的第一批居住者就已经开始使用类似独木舟的船只了。时至今日，独木舟仍然是格陵兰岛沿岸重要的交通工具。

努纳武特

在超过200万平方千米的努纳武特地区，仅有约3.7万人口。

鱼类是人们重要的食物来源。但在垂钓前，人们必须先在冰上凿个洞。

风帽

风帽能抵御寒风，保护头部。

雪镜

鲸的骨头做成的雪镜上只留一条细缝，雪镜可以保护眼睛不受强劲的紫外线照射伤害。在白茫茫的雪地里，如果不戴雪镜，眼角膜会被灼伤，进而造成雪盲。

连指手套

动物皮毛制成的手套保护手指不被冻伤。

毛　裤

通常情况下，毛裤是由北极熊的皮毛和驯鹿的皮毛制成的。

靴　子

防水的靴子由好几层海豹皮仔细缝制而成。

雪块堆砌而成的。圆顶冰屋里的气温能一直保持在 0℃ 以上，有人住在里面时，气温还会升高。如果在里面生火做饭，冰屋里的气温甚至可以升到 15℃。

努纳武特——我们的土地

现在，加拿大的因纽特人大多住在木屋中。1999 年起，他们有了自己统治的领地。这个地区叫努纳武特，意思是"我们的土地"。此前，因纽特人和其他加拿大的原住民经常遭受不公待遇。加拿大政府曾试图让他们融入现代加拿大社会，但往往没有顾及他们自身的文化传统和习惯的生活方式。在 20 世纪 70 年代，因纽特人的孩子还会在未经家长同意的情况下被政府直接送到寄宿学校去学习和生活，只有在暑假的时候才能回到家中。

履带式雪地汽车取代狗拉雪橇

如今，大多数因纽特人和其他北极地区原住民的生活方式与他们祖先相比已经大不相同了。但他们依旧外出打猎。不过，以前的狗拉雪橇通常会被装有发动机的履带式雪地汽车取代，猎人们也会用摩托艇代替独木舟出海。由驯鹿皮毛、海豹皮毛和北极熊皮毛做成的传统服饰也很少见了。如今，在北极地区生活的人们通常穿现代的极地服装，这种服装多数情况下由合成材料制成。大部分极地服装都能从内部发热，具有防风、防潮、防寒的功能。

打猎过程中，人们随身携带可拆卸的毛皮帐篷，或者建造圆顶冰屋作为临时住处。用雪刀从雪中切出雪块❶。人们把雪块螺旋叠放❷，直到形成封闭的球形屋顶❸。屋顶的缺口用雪填满。人们把圆顶冰屋里布置得舒舒服服，就算大功告成了❹。

被冰雪包围：努纳武特地区的一个现代居住地，因纽特人住在木屋中。

帝企鹅在水中最自在。但是为了繁殖后代，它们必须在冰面上长途跋涉。它们要么蹒跚而行，要么将腹部贴在冰面上滑行。

翅 膀

短小的翅膀只适合"水下飞行"。它们为企鹅提供必要的动力，类似于船的双桨。

背 部

从海面往下看，黑色的表面和深色的海洋深处融为一体。企鹅通过这种着色获得了最好的伪装。

羽 毛

最外层的平滑羽毛被油脂覆盖，具有很好的防水功效。所以企鹅可以保持干燥。

腹 部

从底下往上看，白色的腹部让捕食者和猎物难以将企鹅和明亮的天空区分开。

企鹅——
穿燕尾服的鸟

南极洲是一种特别的鸟类——企鹅的故乡。目前，世界上有 18 种不同的企鹅，它们都生活在南半球。其中有些企鹅生活在赤道附近，有些则生活在更南面，还有几种企鹅以寒冷的南极为家。所有企鹅的共同特点是，它们都不会飞，都喜欢群居。

王企鹅、帝企鹅和其他企鹅

在南极洲和亚南极群岛生活着多种企鹅。马可罗尼企鹅头顶上有黄色羽毛，人们很容易辨别出它们。马可罗尼企鹅是世界上最常见的企鹅种类！王企鹅看起来尤其有威严。成年王企鹅平均身高约 90 厘米，体重约 15 千克。体形最大、体重最重的企鹅是帝企鹅。从 1 月到 3 月，帝企鹅栖息在海面的冰块上。当南极的夏天过去，不少企鹅会踏上漫长的旅途，前往内陆的繁殖地。

成年帝企鹅们紧紧挨在一起，抵抗寒风。每只帝企鹅都必须轮流站在最外层，之后可以再回到群体中央，企鹅群的中心可以避风，也非常温暖。

知识加油站

▶ 帝企鹅是唯一在冬季繁殖的企鹅。如果帝企鹅在夏天才开始繁殖，那么帝企鹅宝宝们将来不及在寒冬来临前长大，也就无法长出能防水防寒的羽毛。而这些羽毛是帮助它们抵御南极严酷生存环境的关键。

▶ 在帝企鹅家庭里，帝企鹅爸爸和帝企鹅妈妈会共同承担抚养帝企鹅宝宝的责任。尽管南极的冬天长夜漫漫、风雪肆虐，但帝企鹅夫妇会努力克服一切困难保护好它们的宝宝。

阿德利企鹅，一跃入水——之后再回到陆地。

帝企鹅是唯一一种在冰雪上繁殖的企鹅。其他企鹅都在陆地上筑巢。为了防止蛋被冻坏，雄帝企鹅把蛋放在脚背上，并用肚子上的褶皱将企鹅蛋整个包裹进去。幼崽破壳而出后，可以继续在这里取暖。

有爱的父亲

到达繁殖地后，帝企鹅就开始求偶，它们大声尖叫并互相鞠躬。一旦雌帝企鹅产出唯一一枚蛋后，后续养育工作就移交给了雄帝企鹅。雌帝企鹅小心地把蛋从自己的脚上滚到雄帝企鹅的脚上。之后，雌帝企鹅就出发回到大海中觅食。雄帝企鹅留在繁殖地，把蛋放在发热的肚子的皱皮间进行孵化。帝企鹅蛋绝对不能落在冰面上！为了孵蛋，雄帝企鹅们将忍受南极冬季的寒冷，甚至要抵抗冰雪风暴。

企鹅宝宝肚子饿了

大约 60 天后，帝企鹅宝宝破壳而出。帝企鹅爸爸反刍出一种分泌物，用来喂养帝企鹅宝宝。现在帝企鹅爸爸和帝企鹅宝宝都在等待着帝企鹅妈妈回家。终于，帝企鹅妈妈回来了，和帝企鹅妈妈一起回来的还有储存在它嗉囊里的美味的鱼——正是帝企鹅宝宝现在最需要的食物。现在，饥肠辘辘的帝企鹅爸爸终于可以换班了！帝企鹅爸爸马上向大海出发，它要去那里捕捉磷虾、乌贼和其他海洋生物，美美地饱餐一顿。

企鹅宝宝的成长历程

帝企鹅宝宝 5～7 周大时，开始读"幼儿园"。繁殖地的帝企鹅宝宝们围在一起，紧紧靠拢，互相取暖。只有少数几只成年帝企鹅会留在繁殖地照看小帝企鹅，大多数成年帝企鹅都去觅食了。每隔几天，出去觅食的成年帝企鹅会带着食物回来喂养帝企鹅宝宝。12 月，帝企鹅宝宝们逐渐羽翼丰满。慢慢地，它们褪去绒毛，长出了属于成年帝企鹅的防水羽毛。现在，繁殖群落解散，所有帝企鹅将一起前往大海。从此以后，帝企鹅们又开始生活在浮冰上。帝企鹅们会结成小群体一起寻找食物，它们甚至会潜入海底 500 米深处去捕食。帝企鹅能在水下停留长达 20 分钟！3～6 年以后，小帝企鹅长大了，也能繁衍后代了。现在，它们要自己踏上前往繁殖地的漫长旅途。

贝格曼定律

加岛环企鹅生活在赤道附近，只有约 50 厘米高。而生长在南极的帝企鹅可以高达 1.3 米。贝格曼定律可以解释这个现象，这一定律是由德国医生和动物学家卡尔·贝格曼于 1847 年提出的。卡尔·贝格曼认为，在较寒冷地区生活的恒温动物的体形通常比在较温暖地区生活的恒温动物的体形更大。同等条件下，较大体形动物的单位体重热量损失比较小体形动物要少，因为较大体形动物的身体表面积和身体体积之比更小。在寒冷的南极，更好地保持身体的热量是一项决定性的优势。

生活在南极的企鹅：

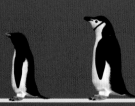

140 cm
120 cm
100 cm
80 cm
60 cm
40 cm
20 cm

跳岩企鹅　　帽带企鹅　　马可罗尼企鹅　　阿德利企鹅　　巴布亚企鹅　　王企鹅　　帝企鹅

空中的劫匪和强盗

除了在进化过程中放弃了飞翔的企鹅外，在南极地区的海岸边和亚南极群岛上，还生活着种类繁多的海鸟。其中不乏真正的飞行高手。有些海鸟可以在海面上持续飞行数月。只有在交配季和筑巢时，它们才会回到陆地上。

盐去哪里了？

大海为长途飞行的海鸟提供了足够的食物，但海上没有可以喝的淡水。海鸟能在大海上持续飞行几个月，是因为它们有特殊的腺体，能帮助它们吸收血液中多余的盐分，并通过鼻腔排出。

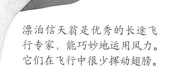

漂泊信天翁是优秀的长途飞行专家，能巧妙地运用风力。它们在飞行中很少挥动翅膀。

喜好抢夺的贼鸥

贼鸥遍布南极和北极，它们是鸟类中体形较大的代表。分布在南极地区的大型贼鸥也叫南极贼鸥。它们经常捕捉靠近水面的鱼类。当然它们也会袭击其他鸟类，偷取猎物。有时，南极贼鸥甚至还会掠夺企鹅和其他鸟类的蛋和幼崽。南极贼鸥通常在亚南极群岛和南极半岛北部筑巢，它们领地意识极强，对待"外族"绝不宽容。南极贼鸥凶悍地保护自己的后代，甚至还会攻击靠得太近的人类。

贼鸥喜欢抢夺其他海鸟的猎物，偷窃其他鸟类的蛋。

管状鼻

巨鹱通过嘴上部间管状鼻将多余的盐分排出体内。排出的盐分会流到嘴尖，然后，巨鹱就可以很方便地把这些盐分甩掉。

巨鹱会吃漂到海岸上的死鱼尸体，有时还会用强有力的喙撕咬海豹的尸体。

紧急迫降

漂泊信天翁降落时会伸出双腿，用来降低飞行速度。它们往往在落地时速度还太快，不得不做个前滚翻才能停下。噢！紧急刹车！

漂泊信天翁回到自己最初破壳的地方。如果找到一个伴侣，它们会每两年养育一个幼崽。

"南极秃鹰"

巨鹱名声不佳。它被称为"南极秃鹰"，因为它的主要食物是企鹅以及海豹等海洋哺乳动物的尸体。此外，成群结队的巨鹱还会攻击企鹅繁殖地的幼崽。在海上飞行时，它们也会去捕捉虾、乌贼和鱼类。有时，巨鹱会追随船只飞行，希望能得到一些可以吃的食物垃圾。海员们管巨鹱叫臭鸟，因为巨鹱为了抵御敌人，会把胃里发臭的、油腻的东西反刍出来。巨鹱这么做不仅能驱赶敌人，也能减轻自身重量，以便它们在遇到危险时飞得更快。

长途飞行专家

南极是多种信天翁的老家。漂泊信天翁是体形最大的一种信天翁，同时也是世界上翼展最长的鸟类。它的翼展可达 3.5 米！漂泊信天翁通常生活在南纬 30° 到南纬 60° 之间。它们一生中大部分时间都在空中度过。漂泊信天翁 10 天内能飞 5 000 千米！有些漂泊信天翁可以完整飞过巨大的南极大陆，到达澳大利亚，甚至越过赤道。

技术决定一切

漂泊信天翁借助南纬 40° 附近的海面上盛行的西风飞行。乘着西风，漂泊信天翁可以展现它独有的特别节约能量的滑翔技巧：它张开双翅靠近水面，依靠逆风的托举升空。然后，它飞一个拱形，顺风滑翔，斜向下飞回水面。现在它又处于顶风位置，再次提升高度。它就这样持续不断地在海面忽上忽下地飞行。为了补充体力，漂泊信天翁会从海里捕捉乌贼、小鱼等食物。漂泊信天翁能在飞行过程中消化食物，还可以一边飞一边睡觉，很少有什么事情可以打断漂泊信天翁的长途飞行——它只有在交配和养育后代时才会停歇。

南极鸬鹚在南极半岛和亚南极群岛孵蛋。它们用泥浆、水藻和草筑巢。

科研人员正在测量一只漂泊信天翁的身体数据。它身体下方的白色羽毛表明，这只漂泊信天翁已经成年。幼鸟身体下方的羽毛是棕色的。

南极的海豹

锯齿海豹又称食蟹海豹,但其实它的主要食物不是蟹而是南极磷虾

锯齿海豹

在3种以极地为家的鳍足目动物中,只有海豹和海狮经常出没在南极海域。海象通常只在北半球出没。

长鼻动物

世界上最大的海豹科动物是南象海豹。雄性南象海豹体长可以超过6米,体重可达3.5吨。雌性南象海豹的体形则小得多,体重也轻得多,但依然是个庞然大物。雄性南象海豹长着长长的、如大象般的鼻子,特别引人注目。

我是老大!

南象海豹一年只上两次岸:秋季上岸蜕毛,春季到繁殖地生育小海豹。交配季时,雄性南象海豹之间经常发生激烈的领地争夺战。这场战争开始于雄性南象海豹的求偶和威胁行为,包括让鼻子膨胀起来等。雄性南象海豹的鼻子能发出可怕的巨响,它们往往以此来震慑对手。大多数情况下,巨响足以吓走体形较小、更弱势的雄性南象海豹。但如果两只体形相当的雄性南象海豹在繁殖地相遇,则会发生严重的冲突。失败者会被排挤到繁殖地的边缘。胜利者和它的家眷们——大约10~30只雌性南象海豹,会接管繁殖地最好的一块地方。交配季和养育幼崽时,雌性南象海豹将禁食一段时间。给幼崽哺乳时,雌性南象海豹最多会减少300千克体重!幼崽长到3个月大时,就能匍匐前进跳入大海,捕食各种鱼类。

真正的超级潜水者

研究人员曾给一些动物安装追踪器,追踪器能将动物们的准确位置和潜水深度发回给研究人员。通过这种方法,研究人员得以了解一些南象海豹在海洋中的生存现状。南象海豹每天最多可以游80千米。捕捉猎物时,南象海豹甚至可以潜到水下2 000米深处。它们通常潜水1个小时以后会重回水面,有时甚至可以在水下潜行2个小时。

罗斯海豹

罗斯海豹得名于南极的罗斯海。但它们的生活地点不仅仅局限在那里,而是围绕整个南极洲。这种体形较小的海豹是个独行侠,且很少见。因此人们对罗斯海豹的研究也比较少。

韦德尔氏海豹

韦德尔氏海豹是南极最常见的海豹种类。它们全身布满浅色的斑点,容易辨识。

南象海豹

南象海豹一生大多数时间都在海洋中度过。只有在交配季和蜕毛时才会在陆地上聚集生活。

豹形海豹是一种危险的食肉动物。它们经常躲在冰块后面，暗中守候猎物。豹形海豹有时还会用尖牙利齿逮住锯齿海豹或企鹅。

当心虎鲸！

生活在南极地区的海豹必须特别注意提防一种食肉动物——聪明的虎鲸，也叫逆戟鲸。有些虎鲸群特别擅长制造海浪，把毫不设防的海豹从大块浮冰上晃下来。

豹形海豹

吃海豹的海豹

南极地区也是豹形海豹的家。豹形海豹身上有深色斑点，它们最喜欢的食物是磷虾。豹形海豹的牙齿有复杂的构造，这可以帮助它们顺利滤出海水，留下食物。豹形海豹拥有发达的犬齿，这是用来捕捉大型猎物的：有些豹形海豹会捕捉海豹，还有一些豹形海豹会捕捉企鹅。豹形海豹喜欢在水下抓住猎物，并将其咬死。即使被捕捉的动物成功躲到冰中，也不代表它们就安全了，因为豹形海豹完全有可能也追到那里去。

太大意了！夏天，经常可以看到韦德尔氏海豹躺在大块浮冰上。对虎鲸来说，这就是一道新鲜美味的冰上小菜。

1

虎鲸群里的每一头虎鲸都有明确的分工：一头虎鲸把头探出水面，查看情况。这个行为叫前哨侦察。啊哈！虎鲸发现浮冰上躺着一只海豹。

2

其他的虎鲸同时游向这块浮冰，制造海浪，使浮冰猛烈晃动。幼年虎鲸会从年长的虎鲸身上学习这种复杂的捕猎技巧。

知识加油站

▶ 南极地区生活着多种海豹，锯齿海豹、南象海豹、韦德尔氏海豹、罗斯海豹和豹形海豹都在南极安家。

▶ 南极毛皮海狮是唯一在南极安家的海狮。人们也称它们为南极海狗。

南极毛皮海狮

外耳

如果你仔细观察，就会看到南极毛皮海狮的小型外耳。

3

海豹失去重心，被海浪晃到大海中。现在，它面对数量有优势的虎鲸，几乎已经没有生还的希望了。

蓝鲸没有牙齿，但蓝鲸嘴里长着数百片鲸须。蓝鲸张着嘴游过一个磷虾群，连虾带海水一起吞下，然后重新合上嘴。蓝鲸的喉囊特别有弹性，所以可以吞下大量海水。之后蓝鲸挤压舌头，把海水经鲸须板挤出，而磷虾则被留下。

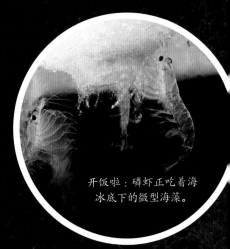

开饭啦：磷虾正吃着海冰底下的微型海藻。

南极海域的 侏儒和巨人

极地冰冷的海洋里，孕育着许多生命。浮游生物是其中渺小而又伟大的一分子，这种极其微小的生物在此集结。不仅是鱼类，还有许多其他的海洋生物都把浮游植物或浮游动物作为自己的食物来源。

什么是磷虾？

全世界的海洋中有超过80种磷虾，这是一种手指大小的虾类软体动物。夏季，巨型的磷虾群游过南北两极海域，寻找它们最爱的食物——浮游植物。冬季，磷虾群游到厚厚的冰层下，以生长在那里的硅藻为食。厚厚的冰层下不仅有磷虾需要的食物，还能保护它们不受鲸等掠食者的威胁。此外，鱼、某些海豹和鸟类也喜欢吃磷虾。磷虾在南北两极海域的食物链中扮演着重要的角色。人们所知道的最大的磷虾群生活在南极附近的海域。但是，研究人员也给世界敲响过警钟，因为那里的磷虾数量自20世纪70年代就开始剧烈减少。其中一个原因很可能是回流的海冰在冬季不断消融。

防冻至关重要

南北两极的海域里的许多生物，比如细菌、微小的海藻和鱼类，都有独门抗冻技巧，可以防止自己结冰。鳄冰鱼甚至在冰块中也不会结冰！原来，鳄冰鱼能自主产生一种糖蛋白，这种糖蛋白能降低鳄冰鱼体内血液的凝固点。这种糖蛋白可以作为抗冻剂，阻碍鳄冰鱼体内冰晶的生长。鳄冰鱼可以利用皮肤直接从水中吸收氧气，一般情况下，温度越低，水中的溶氧量就越大，因此生活在寒冷水域的鳄冰鱼才能进化出如此特别的代谢方式。

显微镜下才能看见的浮游植物，比如一些硅藻。浮游植物是南北两极海域里所有生物的根基。

饥饿的巨人：蓝鲸

蓝鲸是地球上已知的体形最大的动物，平均身长 26 米。人类已发现的最大的蓝鲸体长超过 33 米，最重的蓝鲸体重达到 190 吨。蓝鲸并不是典型的南极生物，它们生活在全世界的海洋中。冬天，蓝鲸会去温暖的水域，在那里交配、生育幼崽。当幼崽成长到足够大时，它们就会拖家带口向极地迁徙，在那里度过夏天，尽情享受美食。尽管蓝鲸体形庞大，但它们的主要食物都是小型猎物。蓝鲸可以利用嘴中的鲸须板，把磷虾和其他小型的海洋生物从海水中过滤出来。白天，蓝鲸会潜入海面下约 100 米的深处，夜晚直接浮上海面。因为南极周边的海域盛产磷虾，所以每年夏天都会吸引许多蓝鲸。

深海巨人

南极附近的海域也是世界上最大的无脊椎动物——大王酸浆鱿的栖息地。但是人们很少见到大王酸浆鱿，因为这位深海居民通常只在 1 000 米以下的海洋深处活动。人们偶尔会遇到漂浮在海面上的大王酸浆鱿的尸体，或者渔民不小心捕捞到一条大王酸浆鱿。人们曾经捕捉到的最大的一条大王酸浆鱿有 10 米长，将近半吨重。据专家估计，这种庞然大物最长的可能有 14 米。和八条腕的章鱼不同，大王酸浆鱿有十条腕，其中两条长腕的末端长着爪子形状的钩子。大王酸浆鱿以此来捕捉猎物。另外八条短腕上同样有锯齿状的吸盘和倒钩。这些短腕将猎物牢牢抓紧，并将猎物送到位于腕中间的嘴中。大王酸浆鱿用嘴咬碎猎物。嘴是大王酸浆鱿全身唯一坚硬的部位。

2010 年夏天，人们在南极罗斯海第一次发现了约 2 厘米长的南极冰海葵。它们生活在冰架下面。

南极的鳄冰鱼几乎没有红细胞，因此它们的身体是接近透明的白色。鳄冰鱼具有很强的抗冻本领。

外套膜

遇到危险时，大王酸浆鱿会发动体内的"火箭推进器"：有力的肌肉挤压外套膜，喷出一条强劲的水柱。水柱能将它迅速射出——这样它就能很快远离危险地带了。

南极海域的巨型海蜇相当之大：它的伞状体直径可以长达 1 米！它利用口腕捕捉浮游生物。

磷 虾

南极附近海域的磷虾组成庞大的磷虾群，在海里自由穿梭。

哟——来自南极的 冰冷采访

我们的记者前往南极，遇见了那里的两位原住民：一位是雄性南象海豹，它能发出令人印象深刻的巨大吼声；一位是雄性帝企鹅，它是所有企鹅中体形最大、最魁梧的。我们很好奇，这两位原住民会告诉我们点什么呢？

记者：帝企鹅，这名字听起来真厉害！这样的名字应该也给您带来了责任。您是如何捍卫自己的名声的呢？

帝企鹅：我们用"你"互称吧，这是我们南极的规矩。我为捍卫我的名声做了些什么呢？完成任务呗。嗯，也就是给我儿子找吃的。

记者：噢，太棒了！你已经是爸爸了。

帝企鹅：小家伙给我带来好多额外的活儿，但是我们必须有后代。并且，他也挺可爱的。不过他总是肚子饿，而找食物的路又那么远。为了喂饱小家伙，我总是来来回回跑，要走好多路。每次，我都要从繁殖地匆匆忙忙赶到大海，又从大海急急忙忙赶回繁殖地。这样来回的路程可伤翅膀了。

记者：这听上去确实挺累的！你的双脚也的确不适合长途跋涉。

帝企鹅：这叫什么话？！我很满意我的脚。这可是顶级的企鹅脚。另外，我也经常用肚子滑冰。咻！速度多快！

南象海豹：嗷——我能说两句么？

我最高大！

姓　　名：帝企鹅
强　　项：忍受寒冷
兴　　趣：超长距离的冰上漫步

捕猎鱼和磷虾时，帝企鹅以每小时36千米的速度在水下穿梭。

记者：当然！现在把话筒给南象海豹。

南象海豹：这可能是鸟儿能做的最蠢的事儿了——用脚走路。醒醒吧，真正的鸟儿肯定用翅膀飞啊！但是帝企鹅太笨了，飞不了。

帝企鹅：可你也不会飞呀！你这个光溜溜的大喇叭。

南象海豹：我又不是鸟，我为什么要会飞？你这个只会把蛋放在脚背上搞杂耍的家伙！

帝企鹅：长鼻子怪！

南象海豹：你看，你被我的鼻子吓到了吧。我从一开始就知道。我的鼻子可不是人人都有的。

巨大的雄性南象海豹把鼓起的鼻子当作扩音器。这样它的吼声可以更响亮。

记者：是的，关于鼻子，我们能聊上一整天。但现在让我们回到繁殖和养育后代的话题吧。帝企鹅家庭中，这一工作由夫妻共同承担。那南象海豹家庭中是怎样的呢？

南象海豹：呃，不知道。都是我的太太们在操心。

帝企鹅：这可不是正确的态度。把养育幼崽的活儿都留给女士，自己只会用鼻子发出巨响。

南象海豹：我们家里这种分工模式一直挺奏效啊。我啥都改变不了。

记者：但你总会帮帮忙吧？

南象海豹：好吧。我看上去很危险，我会用鼻子发出响声——震天巨响。当别的雄性过来时，我就告诉他，这儿我做主。然后他就走了——我可是海滩霸主。

帝企鹅：但除此之外，他啥都不做，这肥肥的肉丸子。

南象海豹：我享受这样的日子和海景。我可没时间用来匆匆忙忙，来回奔跑。

记者：是是是，海滩霸主……所有南象海豹中最强壮的雄性。我明白了。但你也并不总是在陆地上，对吧？

南象海豹：那是的。我最喜欢待在海里。我喜欢在那儿游泳和潜水。当然，我最喜欢觅食了，小鱼、磷虾、鱿鱼，我都喜欢。有时我也吃小鲨鱼。我可是顶级潜水者，在海里，我心情轻松且体态轻盈。

帝企鹅：如果我发力，认真游，你这根本不算什么。如果我愿意，我可以潜到500米深的地方。这全靠我的双翅。

南象海豹：我只用左臂就行。我的潜水纪录可是超过了2 300米。别跟我炫耀潜水，你这小鸟。

帝企鹅：我有自己的纪念日，全世界都会为我庆祝。

记者：的确，4月25日是世界企鹅日。可惜没有世界南象海豹日。

南象海豹：没关系！我根本不介意。我告诉自己：我是海滩霸主。

帝企鹅：我现在要去吃东西了。你一起来吗？

南象海豹：小家伙，你终于有个好点子了。

帝企鹅：看谁先下水……我已经下水啦！

记者：很高兴和你们俩交谈。当心虎鲸！因为我已经看到他们的鳍了……

嗷——

姓　名：南象海豹
强　项：强壮有力
兴　趣：闲躺着和吼叫

出发去北极

一份1909年的法国杂志的封面：彼利和库克为谁是第一个到达北极点的人而发生争执。奇怪的是，封面上围观的是企鹅——它们可是住在南极的啊！

几个世纪以来，人们一直尝试着乘船向北前行，期待能到达更北的地方。有些人希望填补世界地图上的空白点，所以去探索北极；有些人则是在寻找西北航道，即加拿大和格陵兰岛之间的一条航道，如果找到了这条航道就能更快地到达亚洲。对于这两拨人而言，长久以来，他们很难克服的一个障碍就是海冰。

目标：北纬90°

北极没有陆地，人们无法轻易地在北极插上旗帜。那里没有坚实的土地，因此也没有地标。只有地理坐标能标识出北极点——北纬90°。谁要是打算步行到达北极，肯定会在途中遇到互相碰撞的海冰。美国人罗伯特·埃德温·彼利就做了尝试。他曾在19世纪末穿越格陵兰岛，并在那里研究因纽特人的生活方式。他从中学会了如何在冰天雪地里生存。和因纽特人一样，他也穿皮衣御寒，使用狗拉雪橇作为运输装备和口粮的交通工具。在1905—1906年的一次探险中，彼利到达了距离北极点约280千米的地方。在他之前，没有人成功到达过更北的地方了！当时这位探险家的10个脚趾中有8个都冻坏了，但是他没有放弃。

再次尝试

1908年7月17日，彼利再次向北极进发。这一次，他想要最终推进到北极点。彼利的探险船从纽约出发，前往格陵兰岛，他在1909年3月抵达格陵兰岛北部海岸。23个人、19架雪橇和133只西伯利亚雪橇犬，共同参与了这场北极探险。曾有多支探险队先后到达过接近地理北极的最后一个营地。在这里，探险队员们常常得费力地克服海冰的障碍：首先探险队员们要卸下雪橇上的东西，然后他们把雪橇、狗、装备和储备物资拖过障碍。通过障碍后，他们还要把所有的东西再装到雪橇上。与此同时，冰上的裂缝也是个问题。有时探险队必须等上一天，直到海水把裂缝完全冻上，他们才能继续前进。彼利率领的这支探险队一直没有放弃，一路上，他们克服重重困难，物尽其用，把损坏的雪橇当作燃料烧掉。到了最后阶段，彼利的同伴仅剩他的助手马修·亨森，以及4名因纽特人。1909年4月6日，这6个人终于一起到达了地理北极。彼利和他的同伴们最终到达的地方离北极点到底有多近，现今依然有很大的争议。

▶ 你知道吗？

北美的印第安人发明了肉糜饼，这是一种瘦肉干和肥肉的混合物。因为肉糜饼易于保存且重量轻，许多北极探险家都带着肉糜饼去探险。今天，如果北极探险家从营地出发进行当日往返的短途旅行，他们会更愿意带上一块巧克力。因为巧克力富含脂肪，并且巧克力作为口粮也更好吃。

难以置信！

第一个可被证明的徒步抵达北极点的人，是英国人瓦尔特·威廉·赫尔伯特，他在1969年完成这一壮举。

弗雷德里克·库克虽然也曾到达北极，但是他从来没到过北极点。他已被证明在此事上撒了谎。

罗伯特·埃德温·彼利和他的雪橇犬。尽管一直有人怀疑，彼利是否真正到达地理北极，但他依然是目前大多数人认可的第一个到达北极点的人。

挪威探险家弗里乔夫·南森让他的船"前进"号冻在冰层中，希望能借助海冰的力量向北极推进。然而，海冰往另一个方向冻结，所以他只能涉水前行。他最终到达的地方离北极点只有 364 千米远。

库克还是彼利？

很快就有人产生了怀疑。根据彼利的探险报告，探险开始时，他的探险队每天只能前进约 20 千米。但最后的 250 千米，彼利的队伍只用了 4 天就完成了。条件越来越糟糕，彼利的队伍前进的速度却越来越快。回程时，他们甚至只用了不到两天半的时间就完成了这段路程。因此彼利的探险报告中关于最后阶段获得的巨大成就这一说法，显得非常可疑。之后，弗雷德里克·库克也声称，早在 1908 年 4 月 21 日（也就是比彼利早一年）他就已经到达过北极点。然而，库克后来被证明撒了谎：他的手写笔记与之后公布的探险报告不符。相反，人们认为罗伯特·埃德温·彼利的说法更有说服力。今天，有一些研究者则认为，彼利离北极点可能还差 50 ~ 110 千米。但即便如此，彼利的探险也是北极探险中的一个里程碑。

富兰克林探险队

1845 年，英国极地研究者约翰·富兰克林率领 128 名队员乘坐 2 艘船启航寻找西北航道。富兰克林探险队曾两次被冻在冰层中，他们不得不在冰上过冬。期间，有 23 人相继去世，包括富兰克林本人。第三个冬天结束时，幸存者们弃船而逃，在海冰之间潜行。不幸的是，整个探险队没有一个人活着从北极返回。搜寻队此后只发现了富兰克林探险队队员的骨骸和装备。

尽管人们一直在搜寻探险队的下落，但直到 2014 年，搜寻队才发现了富兰克林探险队的一艘船——"幽冥"号。

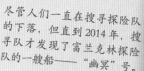

空中航道自然比徒步要快：1926 年，安贝托·诺比尔、罗阿尔德·阿蒙森和林肯·埃尔斯沃思驾驶"挪威"号飞艇飞越北极。

首秀：1959 年 3 月 17 日，美国鳐鱼级攻击核潜艇"鳐鱼"号冲破了超过 2 米厚的冰层，直接在北极点浮出水面。

赛跑去 南极

古时候，地理学家就已经提到了一个未知的南部陆地，他们预测那里生活着罕见的动物和人类。但直到18世纪后期，才有第一批探险者勇敢地踏上了南极洲的冰面。

神秘的南极大陆

英国航海家詹姆斯·库克在1772年至1775年间曾三次向南极挺进。他横越南极圈，看见了冰山，但这并不是南极大陆。直到19世纪末才有第一批人进行了南极陆地探险。20世纪初，人们简直陷入了一种南极探险的狂热状态中。从1901年至1912年，分别有三队人马向南极点发起冲击：其中两支探险队的队长分别是英国人罗伯特·F.斯科特和欧内斯特·沙克尔顿，另一支探险队的队长是挪威人罗阿尔德·阿蒙森。

竞争者

沙克尔顿在1907年就开始尝试去南极探险，他想要成为第一个到达地理南极的人。但他不得不在到达终点前折返——这次探险旅行的部分参与者在途中深受疾病困扰，探险设备和补给物资准备得也不够充分。此次探险虽然失败了，但在沙克尔顿之前，还没有人能够如此接近地理南极。罗阿尔德·阿蒙森在1901年购买了一艘船——"前进"号，他原本打算乘这艘船前往北极。这艘船曾属于极地探险家弗里乔夫·南森。就在阿蒙森正进行北极探险的准备工作时，他得知了罗伯特·埃德温·彼利已经成功抵达北极点的消息。阿蒙森干脆改变计划：现在他想要成为第一个到达南极点的人。但他知道，罗伯特·F.斯科特也在计划着南极探险之旅。结果，南极探险就成了不同探险队之间的一场竞赛。

阿蒙森出发

1911年1月，阿蒙森来到南极，在罗斯陆缘冰附近的鲸湾，建立了他的大本营。之后，他和他的队员们花了几个月时间，沿着计划的路线建立补给点，补给点备有探险队队员的口粮、相关设备所需的燃料以及雪橇犬的食物。10月20日，阿蒙森和4个队员出发了——这已是阿蒙森探险队的第二次尝试：5周前，一场暴风雪迫使他们折返。这支探险队滑雪前

成功！1911年12月14日，阿蒙森探险队以领先5个星期的优势，率先将挪威国旗插在了南极点的冰上。在此之前，阿蒙森已经探索了北极，并从因纽特人那里学习了在寒冷的极地该穿什么衣服，该怎么驾驭雪橇犬。

we shall stick it out
to the end but we
are getting weaker of
course and the end
cannot be far.
It seems a pity but
I do not think I can
write more —
R Scott
Last Entry —
For Gods Sake look
after our people

斯科特最后一篇日记的记录日期是1912年3月29日。日记中，他担心他的家人，以及同行者的家人。

罗伯特·F.斯科特原本依靠小马驹和摩托雪橇前行，但这些都经不起南极冰天雪地的考验。最终，斯科特和他的队员们不得不自己拉雪橇。

南极点赛跑的竞争者：英国人罗伯特·F.斯科特❶和挪威人罗阿尔德·阿蒙森❷。两人启程前往南极时，都已经是经验丰富的极地探险家。

1911年12月14日：
阿蒙森到达

1912年1月18日：
斯科特到达

南极点

1912年3月29日：
斯科特去世

1911年10月20日：
阿蒙森出发

1911年11月1日：
斯科特出发

进，克服冰川裂缝的阻碍，勇敢地与暴风雪搏斗。超过50只哈士奇拉着4架载着各种装备和口粮的雪橇，整支队伍信心满满地朝着南极点进发。他们花了将近8个星期，行进了大约1500千米，终于来到了南极点。1911年12月14日，他们骄傲地在南极点插上了挪威国旗。在冰雪中度过99天后，阿蒙森探险队的全体队员最终安然无恙地回到大本营。

斯科特艰难抵达南极点

罗伯特·F.斯科特可没有那么好的运气。1911年1月，他在罗斯岛建立了大本营。1911年11月1日，他率领16名队员从大本营出发，前往南极点。除了雪橇犬，斯科特探险队也把小马驹作为驮畜，他们还带着2台摩托雪橇，但这些很快就无法使用了。小马驹在冰上死去，雪橇犬也给队员带来了麻烦。最终，斯科特探险队的队员们只能自己拉着沉重的雪橇。后来，斯科特让探险队的大部分队员折返，只带了4名队员开始最后一段行程。队员们艰难地穿越暴风雪和迷雾。1912年1月18日，斯科特探险队终于到达南极点，但挪威国旗已经在南极点的冰上飘扬了。阿蒙森探险队比他们早了5个星期。

探险的悲剧结局

斯科特和他的队员们满怀失望、精疲力竭地踏上归途。一路上，他们与饥饿、雪盲、冰冻做斗争，前进速度非常之慢。2名队员在半路去世。1912年3月19日，剩余的3名幸存者最后一次支起帐篷，此时他们离最近的补给站只有18千米的距离。但斯科特和2名队员最终冻死在了这里。

南极点的悲剧

"世界上最糟糕的旅途"——斯科特的一位同行者如此评价他们的南极探险之旅。与阿蒙森探险队准备周全、按时上路不同，斯科特探险队出发时装备糟糕，补给和燃料也不足。这让斯科特和他的4名队员付出了生命的代价。

斯科特和他的探险队员们抵达了南极点。但令他们失望的是，那里已经飘扬着挪威国旗。

在冰雪中做研究

到达地理极点后，人类对极地地区依然保持着旺盛的好奇心，与极地相关的研究工作仍然继续进行：科学家们对发生在南极和北极的陆地上、水中和空中的一切都很感兴趣。在科考船和科考站工作的，主要有冰川学家、生物学家、化学家、气象学家、古生物学家、物理学家、医学家，甚至还有宇航员。

水藻茂盛

从太空俯视挪威东北部的巴伦支海，能看到茂盛的水藻。研究人员想要弄明白，消融的海冰是如何导致水藻的成分发生变化的，这又给北冰洋的食物链带来了怎样的影响。

难以置信：这是极地研究人员在极地工作时需要的所有装备。

装备齐全

因为所处的工作环境气温极低，极地研究人员必须注意保暖。他们穿着特别研发的极地服装，叠戴两层手套。他们戴着防风帽保护脸部避免冻伤，戴着太阳眼镜防止雪盲。极地研究人员穿的靴子一般是橡胶鞋底，能防止打滑，这为他们在冰雪环境中活动提供了便利。

绿色南极？

研究人员发现的几百万年前的热带植物和恐龙化石证明，南极洲曾经很温暖。大约 2.8 亿年前，南极洲曾是一个巨大的超级大陆的一部分，后来这个大陆分裂成了几个部分。直到大约 500 万年前，南极洲才几乎完全被一层厚厚的大冰原覆盖。

解冻

极地研究人员不仅研究陆地上的冰芯，他们还观察海冰的融化，并尝试预测北极熊和海豹未来的生活区域的变化。

在南极，地震台能记录地震波。地震波显示了，在这个偏远地区，地壳板块是如何相互挤压的。

极 光

当太阳风暴爆发，尤其当许多高速带电粒子射向宇宙时，极地上空就会出现舞动的极光。到达地球的高速带电粒子，一部分被地球磁场吸引折向南北两极附近。在此，高速带电粒子与空气中的氧气和氮气分子碰撞，迸发出光芒，就成了人们看到的极光。极光的颜色也取决于大气中氧气和氮气的含量。

从太空看到的极光俯视图❶。从地球上看，极光在天空中发出鲜艳的绿色光芒❷。

冰层有多厚？

直升机下的长绳索上挂着一个探测器，研究人员能够通过探测器来记录海冰的厚度。根据这些调查数据，研究人员可以预测温度升高将对极地地区的海冰消融产生怎样的影响。

不可思议！

为了不打扰胆小的帝企鹅，同时又能从近处观察它们，斯特拉斯堡大学的研究人员把一个机器人乔装打扮成帝企鹅宝宝。帝企鹅们很快习惯了这个不寻常的帝企鹅宝宝的存在。

大冰原

岩 石

冰下湖

沃斯托克湖

太空中传回来的雷达照片显示，南极洲的冰面在某一区域尤其平坦。这是因为在厚厚的冰层之下隐藏着一个长约250千米，宽约50千米的淡水湖——沃斯托克湖，而且湖水没有结冰。沃斯托克湖是目前已知的370多个冰下湖中最大的一个。为了提取水样进行检测，研究人员将沃斯托克湖上的冰层钻开。通过检测，研究人员发现沃斯托克湖的湖水中存在数百种不同生物的基因组，大多是细菌和真菌的基因组。研究人员推测沃斯托克湖中可能也生活着蠕虫和蟹等动物。

海底生物

海洋生物学家使用远程控制的水下设备观察南极海底多种多样的生物的生活习性以及它们应对气候变化的方式。他们预测，某些海绵动物将来可能会大量繁殖。

科学家给灰海豹佩戴上迷你摄像机，这样摄像机就可以跟随灰海豹潜入海中，记录它们的水下捕食过程。

到"诺伊迈尔Ⅲ"科考站做客

南极洲从未有过原住民，也没有长期定居的居民。而现在，这一情况有了变化，人类开始在南极驻扎。根据季节不同，驻扎的人员数量也不相同。每年冬季大约有 1000 人在南极生活，而到了夏季则有将近 4000 人。这些人大部分都是来自世界各国的科学家和技术人员，他们分别在大约 85 个固定的科考站工作。

冰雪中的科考站

许多国家都在南极洲设有科学考察站（简称科考站）。大多数国家的南极科考站都设在南极大陆沿岸，尤其是南极半岛上。但也有例外：俄罗斯的极地科考人员在东南极洲的内陆高原上运营他们的南极科考站——东方站，而美国的南极科考站——阿蒙森-斯科特站就设在南极点上。

Ⅰ、Ⅱ、Ⅲ

德国的第一个南极科考站是以一名伟大的德国地球物理学家和极地探险家——格奥尔格·冯·诺伊迈尔的名字来命名的。"诺伊迈尔"科考站的接替者是"诺伊迈尔Ⅱ"科考站。这两座科考站都建在巨型钢管上。但两者都一再被冬天的积雪掩埋，并且被厚厚的雪压坏，甚至再也无法住人了。因此，阿尔弗雷德·魏格纳研究所决定，要把"诺伊迈尔Ⅲ"科考站建造成能经受几十年冰雪考验的科考站。

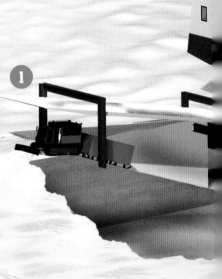

长腿的科考站

为了让"诺伊迈尔Ⅲ"科考站不再像它的前任们那样被积雪掩埋，人们把整个科考站的主体部分放在 16 根液压支柱上。16 根支柱等距依次排开，插入雪中。如果积雪较深，人们可以用履带式铲雪车把雪清理到下方。如果积雪深度威胁到科考站，工作人员可以将所有支柱升高露出雪面，这样科考站就站得更高了。"诺伊迈尔Ⅲ"科考站就是这样在冰天雪地的南极运作的。16 根支柱上方是一个大平台。平台上有集装箱，科考站就是依靠集装箱组装而成的一座两层的建筑。叠在一起的集装箱被一个保

不可思议！

"诺伊迈尔Ⅲ"科考站不在陆地上，也不在大陆冰盖上，而是在冰架上。因此，它每年都会随着冰块的运动而向大海漂移约 157 米。

其他科考站

德雷舍尔冰营

可移动的德雷舍尔冰营有着红色的圆顶冰屋，科学家们也管它叫"番茄"。"番茄"们被直升机运送到位于里瑟尔-拉森冰架上的基地。动物学家们可以短期入住冰屋，在这里研究灰海豹的饮食习惯和潜水特点。

达尔曼实验室

阿尔弗雷德·魏格纳研究所和阿根廷一起成立了达尔曼实验室。实验室设立在南极半岛外的乔治王岛上，就在阿根廷的卡里尼科考站旁边。夏季，生物学家们就在这座南极的实验室里研究各种藻类和动物。

① 工作人员可以通过可闭合的装卸台进入地下室，摩托雪橇和履带式铲雪车在那里随时待命。

② 通过不同的天线，"诺伊迈尔Ⅲ"科考站的工作人员就能与测试仪器、其他科考站以及德国境内的人保持联系。

③ 中层甲板有6个燃油储存罐，一共储存了54 000升极地用柴油，这些柴油可以在 −40℃的环境中使用。

④ "诺伊迈尔Ⅲ"科考站位于16根液压"高跷"上，因此在必要的时候科考站可以被升起来。

⑤ 在这个屋顶处有一个卫星接收盘，用来接收气象卫星的图像。

⑥ 在气象球厅里，气象球膨胀起来。这些气象球把不同高度的天气数据和臭氧值传递给科考站的工作人员。

⑦ 科考站上层有卧室和实验室。

⑧ 这里有相关的技术设备、医务室和活动室。

⑨ "诺伊迈尔Ⅲ"科考站的工作人员可以通过配备的融雪装置获得水。

⑩ 雪地车是南极科考外出时的必备交通工具。通常，人们外出时会带上一个生存箱，里面装有帐篷、紧急睡袋、燃料和袋装食物等。

护外壳包围。人们通过中间的主出入口进出科考站，除此之外，人们还可以从地下室进入科考站。连通地下室和科考站的楼梯间方便了人们上下移动。两层建筑中不仅有卧室、厨房和餐厅，还有实验室、技术室和一个发电站。"诺伊迈尔Ⅲ"科考站上有许多不同国家、不同专业方向的科学家在一起工作。这对所有人来说都是一个巨大的挑战！

在科考站过冬

夏天，"诺伊迈尔Ⅲ"科考站上最多会有50人在一起工作。冬天则相反，从3月到11月，只有9个人在那里工作。他们在冰天雪地的南极孤立无援，长达数月的极夜让整个南极处在黑暗中，待在科考站的人们只能通过卫星和外部世界联系。他们中有一名医生，这名医生也兼任站长。从11月中旬起，过冬者们就会迎来新的科研人员的陪伴。

纪录

多达 1 100 人

南极最大的科考站是美国的麦克默多站，夏天最多可以容纳1 100人在里面工作。麦克默多站位于南极洲南端的罗斯岛上，由数百栋建筑组成。

科嫩站

科嫩站位于"诺伊迈尔Ⅲ"科考站南面，乘飞机需要大约1.5小时。冰川学家们对厚厚的冰盖非常感兴趣，在这里，他们使用钻探设备钻洞达到2 700多米深。

"极星"号科考船——在冰中前行

"极星"号科考船	
长度	118
宽度	25 米
吃水深度	11 米
发动机功率	14 700 千瓦
航速	10.5 节，将近 20 千米 / 小时
所有者	德国

阿尔弗雷德·魏格纳研究所的一个重要研究工具是科考破冰船——"极星"号，这是一艘极地科学考察船。"极星"号 1982 年启用，从此以后，每年中有大约 310 天"极星"号都在北极和南极之间的海域中航行。此外，它也负责给一些建在极地的科考站提供保障工作，包括把极地研究人员、研究设备和餐饮补给等送到这些科考站。

船上的厨房

这里是"极星"号的厨房，可以为 100 个人提供餐饮服务。冰上的工作总是让人们非常劳累，而美味的食物能让人情绪高涨。

卫星天线

"极星"号通过卫星天线和不来梅港的研究中心取得联系。同时，从气象卫星那里获取的相关数据可以帮助船长找到穿越海冰的最佳路线。

直升机

"极星"号破冰船上有两架直升机。它们就停放在甲板上的飞机库里。研究人员可以乘坐直升机飞越海冰，降落在冰川上。有的时候，研究人员也会在直升机内做勘探工作，例如在空中用特殊的测量探针大面积地测量海冰。

舰 桥

"极星"号的控制室在舰桥。船长和船员们竭尽全力保障"极星"号安全航行，以便船上的研究人员的研究活动能顺利进行。

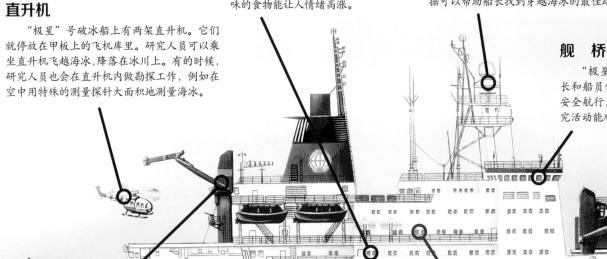

起重机

"极星"号自带的起重机把"诺伊迈尔Ⅲ"科考站所需要的货物卸在冰架上。紧接着，货物被履带车运到科考站。

实验室

"极星"号上有 5 个干实验室，研究人员可以在这里摆放他们带来的测量仪器。"极星"号上还有 2 个湿实验室，研究人员可以在里面进行需要很多水和空间的研究工作。

电影院

研究人员们经常在这个房间举办科学讲座。讲座结束后，大家还会一起看一部电影。

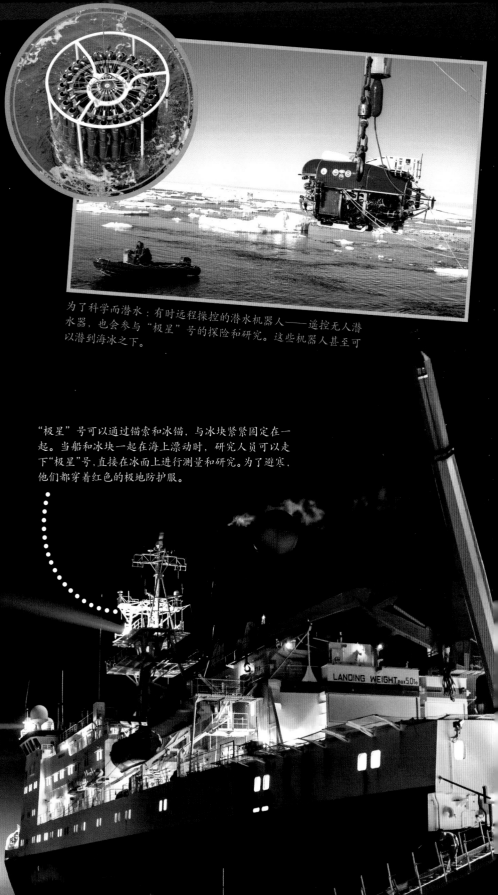

水圈吸泥泵可以用来测量水中的温度和压力，检测深度可达 6 000 米。管道中是可以远程操控的抽水泵，用来采集水样。

在船上做研究

"极星"号科考船最多可以容纳 43 名船员和 55 名研究人员。船上的研究人员的研究领域往往各不相同，包括地质学、地球物理学、海洋学、生物学、化学和气象学等。科学家们对于能参加"极星"号上的极地探险感到非常兴奋。通常，研究人员的申请数量是最终能录用的人员数量的两到三倍。"极星"号就是一座庞大的、移动的实验室。它是作为一艘破冰船而建造的，所以它可以在极地周围布满海冰的环境中安全移动。此外，它还可以快速地进行远距离航行。"极星"号每年都在北极和南极之间来回穿梭。

为了科学而潜水：有时远程操控的潜水机器人——遥控无人潜水器，也会参与"极星"号的探险和研究。这些机器人甚至可以潜到海冰之下。

船上的生活

船上的研究人员全天都在做研究。有的时候，如果正好轮到哪个团队做实验，这个团队的研究人员就算是半夜也会被从床上叫醒。他们用几千米长的铁索来采集不同深度的水样，或者在水下放置测试仪器。这些仪器能将水的相关数据，例如温度、含盐量和流量等，回传给船上的研究人员。有的研究人员甚至还会直接进入冰冷的海水中。训练有素的研究潜水员可以下水亲眼看一看海洋里的生物。研究人员也可以在船上的健身房、游泳池和桑拿房里疏解工作的劳累。"极星"号上长期配备着一名医生。若有必要，这名医生甚至能在船上做手术。

"极星"号可以通过锚索和冰锚，与冰块紧紧固定在一起。当船和冰块一起在海上漂动时，研究人员可以走下"极星"号，直接在冰面上进行测量和研究。为了避寒，他们都穿着红色的极地防护服。

地球的冷藏室

当下的地球气候只是一个瞬间抓拍。地球存在的大约45亿年间，气候一次又一次地发生了根本性的变化。大气、陆地和海洋等气候体系里每个单独的组成部分，共同织成了一张网，并互相影响。极地的冰帽在其中发挥了特殊的作用。

无字的气候档案——冰

过去的数十亿年时间里，地球上的气候是如何发生变化的，这些秘密可以从在格陵兰岛和南极洲获得的冰芯中找到答案。例如，研究人员通过对冰芯进行检测，发现全球气候在过去的25亿年中，在寒冷和温暖两个阶段反复变化了好几次。大约1亿年以来，地球都处于一个相对稳定的温暖阶段，这要感谢北极和南极的冰帽，它们在稳定全球气候方面立了大功。

南极冰箱

极地的冰把绝大部分到达地球的太阳光反射回宇宙，对于地球这个星球来说，这些冰就像是一个巨大的冰箱。通过反射太阳光，南极的冰面温度有时甚至会低于 –80℃。冷空气流向海洋，在整个大陆周围形成巨大的海冰区域，把南极洲包围了起来。含盐的海水更重，沉到海冰下的大海深处，向北流动。南极周围的海冰夏天会融化，一层寒冷的冰雪融水被风吹着先向北面，再向东面流动。于是产生了一个冰冷的环流——南极绕极流，全年绕着南极洲流转。南极绕极流把温暖的海水带离南极，避免那里的冰融化。

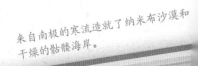

冰芯里包含着几千年前的气温信息。被冰包住的气泡能显示很久以前的大气的组成成分。

来自南极的寒流造就了纳米布沙漠和干燥的骷髅海岸。

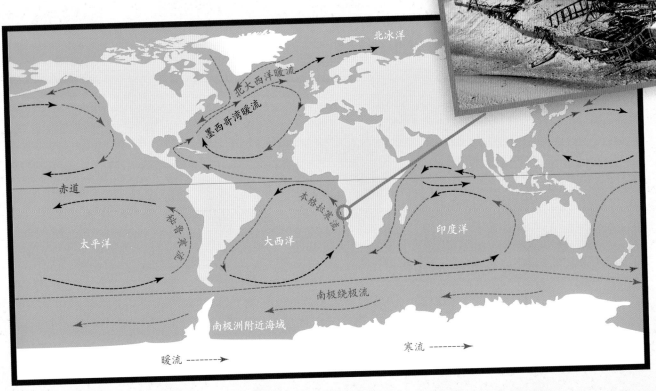

北冰洋

北大西洋暖流

墨西哥湾暖流

赤道

本格拉寒流

太平洋

大西洋

印度洋

南极绕极流

南极洲附近海域

暖流 ------

寒流 ------

地球被互相关联的表层洋流和深海洋流所包围。这些洋流运送着大量的冷水和暖水，维持着低纬度和高纬度地区的热量平衡。

气象学家正试图让一只气象气球升空。极地的气象
数据将被用于全球的天气预报。

寒　流

　　南美洲的海岸边，南极绕极流北部转变了
方向，以至于一股寒冷的表层洋流沿着智利和
秘鲁的太平洋海岸流动。这股秘鲁寒流沿着岸
边向北前进，快接近赤道时才往东，向着加拉
帕戈斯岛的方向转弯。本格拉寒流也是类似的
方式形成的，给非洲西海岸降温。寒流上方的
空气温度低，阻碍了上升的湿气团的形成，因
此邻近的海岸地区很少下雨。这样就形成了南
美洲西海岸的阿塔卡马沙漠和非洲南部的纳米
布沙漠。南极也影响着赤道的气候。

给欧洲带去暖流

　　墨西哥湾暖流及其北部分支——北大西洋
暖流，将温暖的海水带到了欧洲，使那里的气
候变得温暖湿润。在流动的过程中，北大西洋
暖流逐渐下沉，成为冷却的洋流，最终被带到
了格陵兰岛东部海岸边。冷却的洋流作为深海
洋流又流向南方。同时，温暖的表层洋流被吸
到了墨西哥湾洋流和北大西洋暖流中。寒冷的
北极像一个泵，保证了洋流的流动。

南极的天文学

　　地理南极属于地球上纬度最高、最
干燥的地方之一，这里荒无人烟、位置开阔，
所以特别适合开展天文观察活动。在这里，天文学家用光学望远镜
观察宇宙，有时也用微波天线。天文学家还能在这里捕捉到从宇宙
深处发出的粒子辐射。科研人员在南极点上搭建了一台特殊的"望
远镜"。这台"望远镜"既没有目镜，也没有物镜，专门用来记录
中微子。中微子是一种神秘的基本粒子，不带电且质量极小，在宇
宙中很常见，但一般情况下很难证实它的存在。

天文学家希望用BICEP2望远镜证明引力波的存在，而引力波就诞生于宇宙
大爆炸时期。冰冷、干燥的南极具有完美的研究条件。

极地危机

1980

2012

几十年来，北极夏季的海冰面积每年都在逐渐缩小。图像显示了不同年份北极夏季结束后海冰覆盖区域的大小。

地球的气候一直在不断变化。我们的星球正在逐渐变暖，而全球变暖正在给极地地区带来严重危机。在北极，冰架崩解越来越频繁，海冰面积不断缩小。在南极，冰架产生裂痕，并最终断裂。

冰块正在消失

气候变化产生的影响在北极尤为明显。气候研究者和冰川学家推测，几十年后北冰洋的绝大部分冰块可能都会消失。这样的话，北极将不会再有北极熊了，其他许多北极动物也会消失。

海平面上升

由于全球变暖，南极和北极的冰川开始逐渐消融，世界范围内的海洋面积正在扩张，海平面也随之上升。平坦的沿海地区，比如孟加拉国南部，正在面临日益严峻的水灾的威胁。而像马尔代夫这样的岛屿在不久的将来甚至会完全沉入大海。全球数百万人都将因海平面升高而受到影响。

人类来了

极地的冰正在消失，而冰消失的地方越来越频繁地出现了人类的踪迹。船马上就能开到那些曾经阻碍人们前行的航道里。于是，有些船舶运输公司希望尽快开辟西北航道，尽管那里至今还结着冰。因为一旦航道打开，船只就能更快地从大西洋来到太平洋。将来，捕鱼船也能将渔网和绳索撒入更北面的海洋里。毫无疑问，极地附近的海域里，油轮、货轮和邮轮的数量将会与日俱增。而这些轮船将会加剧极地地区的环境污染。如今，轮船的噪音已经打扰到了许多生活在极地附近海域的动物（比如鲸等海洋哺乳动物）。此外，与北极相邻的国家将会想要开采那里丰富的矿藏。但是北冰洋上的钻井平台和北极的矿井将给北极的环境带来严重危害。

卫星从太空观察南极。2002 年，位于南极半岛东侧的拉森 B 冰架坍塌。超过 500 亿吨的冰掉入海中。

如果海冰继续减少，北极熊可能马上就要灭绝了。对于地球上这个了不起的物种来说，真是太可惜了。

如果海平面继续升高，未来上海这座千万人口的超级城市将会出现这样的景象。

不可思议！

1870 年以来，全球海平面已升高大约 20 厘米。最近 10 年，全球海平面已升高了将近 6 厘米！但海平面还在继续上升，专家预测未来每年都将升高约 3 毫米。

像马尔代夫这样的海岛特别容易受到海平面上升的影响。今天，太平洋上的一些岛屿越来越频繁地被水淹没。

开采南极海域

过去，人们常在南极海域捕猎海豹、企鹅和鲸。幸运的是，这些正在逐步发生变化，如今商业捕鲸已被禁止。然而，依然有人打着科学研究的幌子在海洋里捕鲸。但最终，鲸肉却经常出现在日本超市的冷藏柜里。此外，捕鱼船一再出现在南极海域，非法捕捞极地鱼类。这些非法捕捞活动严重危害极地地区的生态平衡，对海鸟、海豹和其他极地动物的生存带来极大威胁。

保护极地

许多人都在为保护极地地区贡献力量，因为南极和北极是地球上最后的大型野生荒地。人们制定了极其严格的规定，希望能保护南极洲。这些规定都写在《南极条约》里。为了保护北极动物的栖息地，许多人支持在北极点周围建立一个国际保护区。将来，北极的北极熊和南极的企鹅是否还会拥有一片生存之地，完全取决于人类是否能成功遏制全球变暖。

我能做什么？

我们可以尽量节约化石燃料——比如石油、天然气和煤炭，节约化石燃料就是在保护极地地区。这做起来一点都不难。使用节能台灯、随手关灯、不让电器待机，这些行为就是在节约用电，就是在为保护环境贡献自己的力量。骑自行车去学校比乘私家车去学校更好，因为这样可以减少二氧化碳的排放。此外，在冬天，我们也尽量不要把房间里的暖气温度开得太高。为了北极熊和企鹅，最好可以将暖气的温度调低1℃或者2℃。

邮轮帮助人们把去南极度假的梦想变为现实。对于游客来说，这将是一次难忘的经历。

极地旅游

在极地地区贫瘠的土地上，很多地方只能生长几厘米高的苔藓。它们历经几百年，才能长到现在人们看到的高度。几个脚印就可能彻底踩死这种敏感的植物。如果你去极地旅游，并且上岸参观，请一定要注意你走的每一步。为了不让度假的游客把外来的植物、动物或者病毒带上南极洲，每位上岸参观的游客都需要将鞋底进行彻底的清洁和消毒后才能踏上南极大陆。游客不能去参观企鹅和海豹的聚集地，尤其不能在这些动物的繁殖期和养育期内去打扰它们。此外，游客不能把船上的东西带下船，食物和水也不行，当然游客也不能在南极留下任何东西。

名词解释

北极熊以北极为家，是现存的陆地上最大的食肉动物。

南极洲：围绕南极的大陆。位于地球南端，四周为太平洋、印度洋和大西洋所包围。

南　极：地球自转轴与地球表面相交的两点，称"地极"，在南半球的就是南极。

南极条约：苏联、美国、英国等 12 个国家在 1959 年签订的保护南极的国际条约，该条约 1961 年生效，中国于 1983 年加入该条约。

南极辐合带：南界是南极洲的海岸线，北界是在南纬 50° 至南纬 60° 之间不断变动的一个地带，南极寒冷的表层海水和来自北部地区的温暖海水在此汇集。

北　极：地球自转轴与地球表面相交的两点，称"地极"，在北半球的就是北极。

大气层：地球的外面包围的气体层。

冰　芯：从钻孔中提取的圆柱形冰柱。

破冰船：船身和船头加固过、特别设计的船，能穿越海冰航行。

光合作用：绿色植物吸收利用太阳光的能量，把二氧化碳和水合成有机物质并释放氧气的过程。

屑　冰：由海水结冰时产生的冰晶组成。

冰川学家：研究冰川的成因、分布、理化性质、消融、补给和运动的规律以及开发利用等的专家。

冰　川：极地或高山地区沿地面倾斜方向移动的巨大冰体。

因纽特人：北极地区的原住民，主要分布在北美洲沿北极圈一带。

崩　解：大型冰块（如冰川或冰架）的瓦解。

繁殖地：动物群体聚集在一起孵蛋、生产和养育幼崽的地方。

磷　虾：手指大小的软体动物，在海洋中成群生活。磷虾是鱼类、海豹、企鹅和鲸的重要食物来源。

尼罗冰：连在一起的冰层，在平静的海水中由屑冰组成。

西北航道：美洲大陆北部的航道，连接大西洋和太平洋。

臭　氧：氧的同素异形体，有特殊臭味，溶于水。地球大气层中有具有保护性的臭氧层，太阳射向地球的紫外线大部分被臭氧层吸收。

浮　冰：由紧紧冲撞在一起的大块海冰组成。有的浮冰可能有数米厚。

荷叶冰：小型的、盘子状的浮冰，由屑冰通过风和浪的移动形成。

浮游生物：悬浮于水层中的个体很小的生物，行动能力微弱，全受水流支配。浮游生物构成了极地海洋中食物链的基础。

北极圈和南极圈：在南北纬 66.5° 上，构想出来的线，围绕着两个极地地区的边缘。

冰　架：漂浮在海面上，但是和大陆架连接的冰体。

雪　盲：太阳紫外线经雪地表面的强烈反射对眼部造成的损伤。

亚南极：南纬 50° 和南极圈之间的地区。这里有一些岛屿，以物种丰富而闻名。

平顶冰山：大面积的、顶部平坦的冰山，从冰架上断裂而成。

冻　原：终年气候寒冷，地表只生长苔藓、地衣等的地区，一般指北冰洋沿岸地区。

图片来源说明 /images sources：

Alfred-Wegener-Institut: 3 下中/,11 上中, 39 上左, 43 背景图片 (Stefan Hendricks), 4 上右 (Steve Geelhoed/ IMARES), 4 上左, 5 下左 (Hauke Floris),4-5 背景图片, 5 上左, 5 下右 (Carsten Wancke),4 下中 (Folke Mehrtens), 5 上右 (Benjamin Lange), 8 中右, 12 上中 (Mario Hoppmann), 11 上左 (MadlenFranze), 38-39 背景图片 (Stefan Christmann), 38 中右 (Friedrich Schuster),39 下左 (Tomas Lundälv), 39 下右 (C. Oosthuizen/MRI), 40-41 背景图片, 40 下左 (Richard Steinmetz), 40 下右 (Ralf Ho ffmann), 42 下左, 43 上中 (Thomas Steuer), 43 上右 (Stefanie Arndt), 44 上右 (Hannes Grobe), 45 上左 (René Bürgi); Archiv Tessloff: 3 上左, 31 中, 32 左, 33 下右 (Marie Gerstner);Brandstetter, Johann: 29 右; Brunner, Andreas: 22 中右; Climate Central: 47 上右 (http://sealevel.climatecentral.org/Nickolay Lamm);ESA: 38 上右 (MERIS), 39 上右 (NASA), 39 上右 (IPEV/ENEAA.A. Kumar & E.Bondoux); ezmediart.com: 2 上中 (anek/ Andrey Nekrasov www.anekrasov.com), (anek/ Andrey Nekrasov www.anekrasov.com); Flickr: 11 上右 (CC BY-SA 2.0/Liam Quinn), 45 下右 (CC BY-SA 2.0/Eli Duke); Getty: 8 下中 (Colin Monteath/Hedgehog House/Minden Pictures), 9 下右 (Chris Clor), 13 上左 (Paul Souders), 14 中右 (Danita Delimont), 14 下左 (Janette Hil/robertharding), 15 中 (Paul A. Souders),15 下左 (Wayne Lynch), 19 下右 (Bettmann), 21 上左 (Paul Souders), 21 下左 (Konrad Wothe /LOOK-foto/Minden Pictures), 22 下左 (Robert van der Hilst), 22 上左 (Buyenlarge), 22 下右 (Norbert Eisele-Hein), 23 上右 (Peter Harholdt), 24 上左 (Hiroya Minakuchi/Minden Pictures), 24 下左 (Doug Allan), 27 下右 (Wolfgang Kaehler), 28 中右 (Tui De Roy/ Minden Pictures), 29 上左 (Hiroya Minakuchi/Minden Pictures), 30 上右 (Flip Nicklin/ Minden Pictures), 30 下右 (Carolina Biological/Visuals Unlimited);IceCube: 45 上右 (NSF), 45 上右 (NSF/Dag Larsen); mauritius images: 13 上右 (robertharding/Alamy), 13u (Norbert Rosing),17中左 (Minden Pictures/Rhinie van Meurs/NIS), 19 下右 (Arterra Picture Library/Alamy), 30 上左 (nature picture library/Doc White), 32 下右 (Nature Picture Library/Alamy Stock Foto/Chadden Hunter), 34 下中 (Trinity Mirror/Mirrorpix/ Alamy Stock Photo), 35 中 (914 collection/Alamy); NASA: 3 中右, 46 上中, 46 上右 (Scientific Visualization Studio/SSMIS/DMSP), 46 中右 (MODIS Rapid Resonse Team/ GSFC/Jeff Schmaltz); Nature Picture Library: 17 下左 (Danny Green), 26 下左 (DAVID TIPLING), NOAA: 18o (Public Domain/Vicki Beaver/NSB), 19 上左 (Public Domain/ Vicki Beaver/NSB), 29 中 (Public Domain/Southwest Fisheries Science Center/Bob Pitman); Parks Canada: 35 上右 (Thierry Boyer); picture alliance: 2 下左, 23 下右, 23 中右 (Ton Koene), 3 中左, 25 上右 (Westend61/Martin Rügner), 3 上右, 34 下右 (Mary Evans Picture Library), 9 上中 (Christine Koenig), 9 下左 (Electa/ Leemage/maxppp), 11 中右 (Winfried Wisniewski/OKAPIA), 12 中左, 18 中右, 26 下右 (D.J.Cox/WILDLIFE), 15 下左 (blickwinkel/F. Hecker), 16 上右 (Hamblin, M./WILDLIFE), 18 下中 (G.Williams/ A.Visage/WILDLIFE), 19 上中 (Franco Banfi/WaterFrame), 19 下左 (Alejandro_Zepeda/ EFE/ epa-Bildfunk), 20 上右 (WILDLIFE/S.Muller), 21 上右 (Rolf Hicker/All Canada Photos), 23 上中 (Bildagentur-online/AGF-Foto), 23 下左 (NHPA/ photoshot/B & C ALEXANDER), 24 上右 (Peter Steyn/ardea.com/Mary Evans Picture Library), 25 上左 (Anka Agency International/Gerard Lacz), 27 上左 (blickwinkel/McPHOTO), 27 上中 (dpa/Harro Müller), 27 上右 (dpa/Harro Müller), 28 下左 (AKETOMO SHIRATORI/ NHPA/photoshot), 29 下左 (WILDLIFE/S.Eszterhas), 31 下左 (N.Wu/WILDLIFE), 31 中右 (NWU/ WILDLIFE), 35 上左 (dpa), 36 下, 37 上左, 37 上中, 37 下右 (akg-images), 42 中 (dieKLEINERT.de/Mathias Dietze), 44 中右 (WILDLIFE/M.Harvey); Science Photo Library: 12 上右 (Power and Syred/SPL); Shutterstock: 1 背景图片 (Petri jauhiainen), 2 上右, 9 上右 (Incredible Arctic), 2 中右, 10 下左 (Alexander Piragis), 6 上右 (Anton Balazh), 6 下左 (Anton Violin), 7 上左 (Sergey Uryadnikov), 7 中右 (stevemart), 7 上右 (ugljesa), 7 中左 (ugljesa), 7 下左 (Evgeny Kovalev spb), 8 上 (Durk Talsma), 9 上左 (ESOlex), 9 中右 (Pics-xl), 11 中右 (gary yim), 13 下右 (dinozzaver), 14 下右 (bikeriderlondon), 15 上右 (Andrey Gontarev), 16 上中 (Tom Middleton), 16 下右 (feathercollector), 16 下左 (Mark Medcalf), 16u (francesco de marco), 17 上中 (Top Vector Studio), 17 上右 (TheGreenMan), 18-19 背景图片, 28-29 背景图片, 36-37 背景图片, 44-45 背景图片 (Roberaten), 20 中 (BMJ), 25 下 (Felsen-, Zügel-, Adelie-, Esels-, Kaiserpinguin/Andreas Meyer), 25u (Goldschopf- und Königspinguin/Leksele), 26-27 背景图片 (MZPHOTO.CZ), 27 中右 (Durk Talsma), 27 下左 (Dmytro Pylypenko), 28 上左 (Mariusz Potocki), 28 下左 (Mariusz Potocki), 30-31 背景图片 (Andrea Izzotti), 32-33 背景图片 (Anton_Ivanov), 33 上右 (David Osborn), 44 下左 (Designua), 46-47 背景图片 (TheGreenMan), 47 中右 (kkaplin), 47 上左 (R McIntyre), 48 上右 (Sylvie Bouchard); Thinkstock: 8 下左 (Stocktrek Images), 10 上左 (nikoniko_happy), 10 上中 (NATUREPHOTO457), 10 下左 (Alexey Romanov), 10-11 背景图片 (SergeyTimofeev), 11 中 (MichalRenee), 14 上 (MikeLane45), 34 上右 (Photos.com), 34-35 背景图片 (Irina Tischenko), 36 上 (Photos.com), 37 上右 (Dorling Kindersley/Sallie Alane Reason); Wikipedia: 31 上右 (CC BY 2.5/www.plosone.org/Marymegan Daly, Frank Rack, Robert Zook), 35 下左 (Public Domain/US Navy Arctic Submarine Laboratory), 36 中右 (Public Domain/Robert Falcon Scott), 38 中右 (CC0 1.0/ Daderot), 39 中 (Public Domain/ US National Science Foundation/ Nicolle Rager-Fuller/NSF), 41 下右 (Public Domain/ DiedrichF)

封面图片：Shutterstock: U1 (Incredible Arctic), U4 (bikeriderlondon)

设计：independent Medien-Design

内 容 提 要

本书介绍了北极、南极两个地区的自然环境、特有动植物以及人类科考活动，还展现了北极当地居民的生活，并关注两极地区当下和未来的生态环境变化。全书不仅内容知识丰富，更具有环境保护的现实教育意义。《德国少年儿童百科知识全书·珍藏版》是一套引进自德国的知名少儿科普读物，内容丰富、门类齐全，内容涉及自然、地理、动物、植物、天文、地质、科技、人文等多个学科领域。本书运用丰富而精美的图片、生动的实例和青少年能够理解的语言来解释复杂的科学现象，非常适合 7 岁以上的孩子阅读。全套图书系统地、全方位地介绍了各个门类的知识，书中体现出德国人严谨的逻辑思维方式，相信对拓宽孩子的知识视野将起到积极作用。

图书在版编目（CIP）数据

极地世界 / （德）曼弗雷德·鲍尔著 ； 马佳欣译
. -- 北京 ： 航空工业出版社，2022.10
（德国少年儿童百科知识全书 ： 珍藏版）
ISBN 978-7-5165-3027-6

Ⅰ. ①极… Ⅱ. ①曼… ②马… Ⅲ. ①极地—少儿读物 Ⅳ. ① P941.6-49

中国版本图书馆 CIP 数据核字 (2022) 第 075179 号

著作权合同登记号
图字 01-2022-1315

POLARGEBIETE Leben in eisigen Welten
By Dr. Manfred Baur
© 2016 TESSLOFF VERLAG, Nuremberg, Germany, www.tessloff.com
© 2022 Dolphin Media, Ltd., Wuhan, P.R. China
for this edition in the simplified Chinese language
本书中文简体字版权经德国 Tessloff 出版社授予海豚传媒股份有限公司，由航空工业出版社独家出版发行。

极地世界
Jidi Shijie

航空工业出版社出版发行
（北京市朝阳区京顺路 5 号曙光大厦 C 座四层　100028）
发行部电话：010-85672663　010-85672683

鹤山雅图仕印刷有限公司印刷　　全国各地新华书店经售
2022 年 10 月第 1 版　　　　　　2022 年 10 月第 1 次印刷
开本：889×1194　1/16　　　　　字数：50 千字
印张：3.5　　　　　　　　　　　定价：35.00 元

船的故事
从独木舟到远洋帆船

飞机的秘密
人类飞行的梦想

火山探秘
来自地底的火焰

七大奇迹
上古时期的宝藏

汽车世界
精彩的汽车发展史

鲨鱼家族
海洋里的狩猎好手

百变天气
阳光、风和暴雨

穿越大自然
探究与保护

鲸和海豚
海洋里的哺乳动物

恐龙王国
失踪消失的地球霸主

矿物与岩石
闪闪发亮的宝藏

爬行与两栖动物
蟹成、蜥蜴和巨蜥

大自然的力量
难以估量的威力

改变世界的电
高电压与超导体

各种各样的鱼
水下的奇妙世界

猫的家族
闪有柔软爪子的敏捷猎手

奇境森林
动物和植物的天空

忠诚的狗
四只爪子的英雄

浩瀚宇宙
宇宙的秘密

狼的故事
走进荒野觅食者的领地

蚂蚁和白蚁
了不起的建筑师

美丽的蝴蝶
色彩斑斓的自然精灵

蜜蜂和胡蜂
森林的辣蜜和可怕的毒针

潜水的魅力
潜入水下的迷人世界

古老的希腊文明
诸神、英雄和诗人

古罗马生活
古罗马城的社会百态

欧洲风情
人口、国家和文化

骑士时代
城堡、比武大会的贵族女性

舞动的音符
走进音乐的奇妙世界

古老的城堡
中世纪的见证

熊的秘密生活
棕熊、大熊猫、北极熊

化石档案
生命的痕迹

奇妙的昆虫
六条腿的生存艺术家

极地世界
生活在冰雪王国

神秘的蜘蛛
丝线上的猎手

大象王国
温和的"巨人"

海底宝藏
沉没的宝藏
2023 NEW

海洋之谜
海洋研究与保护
2023 NEW

火星登陆
红色星球定居计划
2023 NEW

忙碌的农场
动物、植物与农业机械
2023 NEW

时尚魅影
时尚的古与今
2023 NEW

全球气候
冰期和气候变化
2023 NEW